Rheinisch-Westfälische Akademie der Wissenschaften

Geisteswissenschaften Vorträge · G 318

Herausgegeben von der
Rheinisch-Westfälischen Akademie der Wissenschaften

ANTHONY R. BIRLEY

Locus virtutibus patefactus?
Zum Beförderungssystem in der Hohen Kaiserzeit

Westdeutscher Verlag

350. Sitzung am 16. Oktober 1991 in Düsseldorf

Die Deutsche Bibliothek – CIP-Einheitsaufnahme

Birley, Anthony:
Locus virtutibus patefactus? : Zum Beförderungssystem in der Hohen Kaiserzeit / Anthony R. Birley. – Opladen : Westdt. Verl., 1992
(Vorträge / Rheinisch-Westfälische Akademie der Wissenschaften : Geisteswissenschaften ; G 318)
ISBN 978-3-663-01801-8 ISBN 978-3-663-01800-1 (eBook)
DOI 10.1007/978-3-663-01800-1
NE: Rheinisch-Westfälische Akademie der Wissenschaften <Düsseldorf>: Vorträge / Geisteswissenschaften

Der Westdeutsche Verlag ist ein Unternehmen der Verlagsgruppe Bertelsmann International.

Herstellung: Westdeutscher Verlag

ISSN 0172-2093
ISBN 978-3-663-01801-8

Inhalt

Im Herbst des Jahres 54 bekam Rom einen neuen Kaiser, den sechzehnjährigen Nero. Seine ersten Maßnahmen wurden allgemein hoch geschätzt, am Ende des Jahres kam allerdings eine Krise. Die Parther, Roms einstiger mächtiger Nachbarstaat, waren in das Pufferkönigreich Armenien eingedrungen und hatten dessen romtreuen Herrscher gestürzt[1]. Seit 20 v. Chr. war es das wichtigste Prinzip der römischen Außenpolitik, das Königreich Armenien zu kontrollieren[2]. Tacitus hat die Reaktion lebhaft geschildert: Würde der junge Mann sich mit diesem starken Gegner messen können? Oder eher, wie würden seine Minister reagieren? Zwar hoffte man, daß es nicht mehr wie unter dem schwachen und feigen Claudius zugehen würde, der scheinbar immer geneigt war, die Ratschläge seiner Freigelassenen auszuführen. Die Chefs der neuen „Regierung", der Gardepräfekt Afranius Burrus und der Erzieher des Prinzen, Annaeus Seneca, waren erfahrene Männer. Im übrigen sagte man, „Nero werde den eindeutigen Beweis liefern, ob er rechtschaffene Freunde – *amici*, also Ratgeber bzw. Minister – habe oder nicht, wenn er als Reichsoberbefehlshaber lieber – ohne Rücksicht auf mögliche Mißgunst – einen besonders tüchtigen, statt auf Empfehlung einen reichen und auf Einfluß sich stützenden Feldherren wähle". Sofort zeigte sich Nero sehr energisch, befahl die in den nächsten Provinzen ausgehobenen Rekruten zur Ergänzung der Legionen des Orients herbeizuziehen und die Legionen selbst näher an Armenien aufzustellen usw. Die Parther zogen aus Armenien ab, doch nur, als wollten sie den Krieg verschieben. „Im Senate wurde alles hoch gefeiert: neben der gewohnten Schmeichelei erfreut auch", schreibt Tacitus, „daß Nero den Domitius Corbulo zur Behauptung Armeniens auserkoren hatte und so tüchtigen Leistungen eine Bahn eröffnet schien" *(locus virtutibus patefactus)*[3]. Die Ernennung Corbulos zum Befehlshaber wird also von Tacitus als eine Überraschung, als etwas Außergewöhnliches, bezeichnet.

[1] Tacitus, Ann. 13,6.

[2] Ausführlich über die Beziehungen zwischen Rom und Armenien, M.-L. Chaumont, ANRW II 9, 1, 1976, 71ff.; über die Außenpolitik des Augustus, D. Kienast, Augustus, Darmstadt 1982, 274ff.

[3] Tacitus, Ann. 13, 6, 6–8, 1.

Die begeisterte Reaktion auf die Ernennung Corbulos, die Tacitus durchaus glaubwürdig meldet, können wir mit seinem Bericht über die Ernennung seines Schwiegervaters Julius Agricola zur Statthalterschaft Britanniens im Jahre 77 vergleichen: „Nicht ganz drei Jahre hielt Agricola das Legatenamt in Aquitanien, da wurde er zur unmittelbaren Aussicht auf das Konsulat zurückberufen, und es begleitete ihn die allgemeine Meinung, er werde Britannien zur Provinz erhalten, nicht, daß er selbst etwa sich dahin geäußert hätte, sondern weil er dazu tüchtig schien. Gewiß, nicht immer irrt die Volksstimme; nicht selten wählt sie auch"[4]. Implizit also will Tacitus hier die Meinung gelten lassen, Agricola war damals genau der richtige Mann für eine so wichtige Provinz. Britannien in den siebziger Jahren des ersten Jahrhunderts war natürlich militärisch bzw. außenpolitisch nicht so wichtig oder so gefährdet wie Armenien Ende 54. Immerhin hatte Vespasian vor, eine Eroberungspolitik durchzuführen. Agricola war bereits zweimal in Britannien gewesen[5], einmal als junger Militärtribun und ein anderes Mal als Legionskommandeur, hatte also – so könnte man annehmen – gerade die richtige Erfahrung für diese Statthalterschaft und das damit verbundene riesige Militärkommando. Tacitus will hier einen Kontrast andeuten: *„nullis ipsius sermonibus"*, „nicht, daß er selbst sich dahin geäußert hätte". Andere Senatoren versuchten regelmäßig, durch Gespräche hinter den Kulissen, mit Freunden, Bekannten und vor allem mit einflußreichen Günstlingen des Kaisers, ihre Qualifikation für hohe Ämter hervorzuheben[6].

Was Cn. Julius Agricola angeht, sollten wir allerdings gleich folgendes anmerken. Er hatte schon zweimal eine Offiziersstelle in jenem britannischen Militärbezirk innegehabt, den er nunmehr als *legatus Augusti pro praetore* leiten würde. Also hatte er anscheinend gerade die richtige Erfahrung. Es gab nämlich nur diese drei Stufen für senatorische Offiziere im kaiserlichen Heere: *tribunus militum laticlavius* bei einer Legion etwa im zwanzigsten Lebensjahr; Legionslegat etwa zehn Jahre später und Provinzstatthalter. Nur selten finden wir Senatoren, die in mehr als einer Legion als *tribunus* bzw. als Legat dienten. Mehrere Provinzen nacheinander zu regieren war hingegen häufig. Merkwürdig ist es aber, daß Agricola der einzige Senator aus der ganzen Prinzipatszeit war, der dreimal in den drei verschiede-

[4] Tacitus, Agr. 9,5.

[5] A. R. Birley, The Fasti of Roman Britain, Oxford 1981, 73 ff.

[6] Vgl. etwa Quintilian, Inst. Orat. 6, 3, 38: *„quid ironia? nonne etiam quae severissime fit, ioci prope genus est? qua urbane usus est Afer, cum Didio Gallo, qui provinciam ambitiosissime petierat, deinde, impetrata ea, tamquam coactus querebatur, Age, inquit, aliquid et rei publicae causa"*. Nach AE 1953, 251, der Inschrift des Q. Veranius, der Gallus' Nachfolger in Britannien war, wurde Veranius von Nero zum Statthalter ernannt „*[cum non p]etierit*". Zur Korruption vgl. W. Eck, Einfluß korrupter Praktiken auf das senatorisch-ritterliche Beförderungswesen in der Hohen Kaiserzeit, in: W. Schuller, Hg., Korruption im Altertum. Konstanzer Symposium, Oktober 1979, Wien 1982, 135 ff.

nen Rangstufen in einem einzigen Militärbezirk beschäftigt war, und übrigens nur in diesem einen Militärbezirk. Es war schon selten genug, daß ein Senator zweimal in derselben Provinz diente[7]. Das mußte bestimmt bedeuten, daß die Kaiser die Spezialisierung vermeiden wollten, aus welchen Gründen auch immer. Außerdem ist es erwähnenswert, daß Julius Agricola ziemlich jung war, als er die Statthalterschaft Britanniens übernahm, er zählt erst sechsunddreißig Jahre[8]. Die meisten Statthalter dieser Provinz waren etwas älter, wohl Mitte vierzig, wenn nicht mehr; übrigens wurden die meisten nicht gleich nach ihrem Konsulat zum Statthalter ernannt, sondern erst, nachdem sie eines oder mehrere konsulare Ämter bekleidet hatten. Schließlich sollte betont werden, daß Agricola sieben Jahre in Britannien blieb, länger als alle anderen Statthalter, die wir kennen[9]. Ob es nur seine besondere Fähigkeit war, wie sein Schwiegersohn uns glauben machen wollte, die in seinem Fall diese Besonderheiten verursachte, muß dahingestellt bleiben. Man könnte natürlich darüber Spekulationen anstellen[10].

Wir dürfen mit der Ernennung Corbulos auch den Vorgang in zwei ähnlichen Krisensituationen im Osten vergleichen. Im Jahr 132 brach der letzte große jüdische Aufstand aus. Weder der zuständige Befehlshaber, der Statthalter Judäas mit seinen zwei Legionen, noch sein ranghöherer Nachbar, der Statthalter Syriens mit drei Legionen, konnten die tapferen jüdischen Rebellen überwinden. Nach Cassius Dio entschied sich daher Hadrian, „den ersten unter seinen besten Feldherren", Sextus Julius Severus, nach Judäa abzukommandieren[11]. Nun war Julius Severus gerade zu dieser Zeit Statthalter Britanniens, hätte also nirgendwo im ganzen Reich weiter entfernt vom Kriegsschauplatz sein können[12]. Dreißig Jahre später gab es einen ähnlichen Fall. Gleich nach dem Regierungsantritt Mark Aurels waren die Parther in Armenien eingedrungen. Der Statthalter Kappadokiens, Sedatius Severianus, den Lukianos als „jenen albernen Kelten" bezeichnete, ging übereilt ins Feld, wurde belagert, verlor eine Legion und beging Selbstmord[13]. Sein Kollege in Syrien konnte eine parthische Invasion nicht verhindern[14]. Der Mann, den Mark Aurel zur Wiederherstellung des römischen Protektorats in Armenien

[7] A. R. Birley, The Fasti of Roman Britain, 1981, 18, 30, 31.

[8] Zur Datierung des Konsulats und der Statthalterschaft Agricolas, M.-Th. Raepsaet-Charlier, ANRW II 33, 3, 1991, 1842ff., die diese viel erörterte Frage hoffentlich endgültig erklärt hat.

[9] A. R. Birley, The Fasti of Roman Britain, 1981, 388ff.

[10] A. R. Birley, Agricola, the Flavian dynasty and Tacitus, in: B. Levick, Hg., The Ancient Historian and his Materials. Essays ... C. E. Stevens, Farnborough 1975, 139ff., wo vermutet wird, daß Agricola ein Freund des „Kronprinzen" Titus Caesar war.

[11] Dio 69, 13, 2.

[12] A. R. Birley, The Fasti of Roman Britain, 1981, 106ff.

[13] Lukian, Alexander 27; Dio 71, 2, 1; HA M. Ant. Phil. 8,6, usw. Zum Hintergrund, A.R. Birley, Marcus Aurelius, London ²1987, 121ff.

[14] HA M. Ant. Phil. 8, 6; Verus 6, 9; PIR² A 1341.

ernannte, war der erst kürzlich eingesetzte Statthalter Britanniens, Statius Priscus[15]. Man gewinnt somit den Eindruck, daß jedenfalls im 2. Jahrhundert der Statthalter Britanniens normalerweise ein besonders erfahrener General sein sollte. Was Julius Severus und Statius Priscus angeht – wir kennen ihre Laufbahnen vom Anfang bis zum Ende in allen Details –, würde eine solche Folgerung stimmen. Ansonsten kann man feststellen, daß mehrere Statthalter Britanniens ähnliche Erfahrungen wie Severus und Priscus hinter sich hatten, bevor sie das Kommando über den stärksten Militärbezirk im Reiche übernahmen. Aufgrund unserer Kenntnisse allein dieser einzigen Provinz scheint es also nicht unwahrscheinlich, daß es eine gewisse Regelmäßigkeit bei der Ernennung gegeben hat, jedenfalls im 2. Jahrhundert – Regelmäßigkeit, muß ich betonen, nicht feste Regeln[16].

Einige feste Regeln gab es jedoch für die Ämterlaufbahn römischer Senatoren in der Kaiserzeit, bald auch in einer ritterlichen Laufbahn.

Der Prinzipat war eine Fortsetzung, angeblich eine Wiederherstellung der Republik. Die alten republikanischen Jahresmagistraturen existierten weiter. Augustus hat lediglich die Gesetze, die *leges annales*, die die Besetzung der verschiedenen Ämter [*honores*] regelten, hier und da modifiziert[17]. Übrigens blieb es weiterhin die Norm, daß Legionen, deren Mannschaften ja römische Bürger waren, nur von Senatoren befehligt wurden und daß Armeen von mehr als einer Legion unter dem Kommando eines Senators konsularen Ranges standen usw. Er behielt als Mindestalter für den Konsulat das 43. Lebensjahr bei. Patrizier durften aber nunmehr zehn Jahre früher, also im Alter von 32 Jahren, Konsul werden. Im Laufe des 1. Jahrhunderts war es daher bald für solche Adligen fast ausgeschlossen, ein größeres Militärkommando zu übernehmen, da sie keine Gelegenheit gehabt hatten, die nötigen Erfahrungen vor ihrem Konsulat zu gewinnen. Es ist deshalb keineswegs überraschend, daß in überwiegender Mehrheit die konsularischen Statthalter Neulinge waren: die ersten Mitglieder ihrer Familien, die Senatoren waren, oder jedenfalls die ersten in ihren Familien, die Konsuln geworden waren. Nur sehr wenige konsularische Statthalter waren Söhne oder Nachkommen von Männern, die ein solches Kommando innegehabt hatten[18].

[15] A. R. Birley, The Fasti of Roman Britain, 1981, 123 ff.

[16] Vgl. R. Syme, Danubian Papers, Bukarest 1971, 227: „Caution is requisite. A certain regularity may be assumed, but not rigour". „One is not entitled to produce inflexible rules where none existed", ebda. 238.

[17] J. Morris, Leges annales under the principate, Listy Filol. 87, 1964, 316 ff.; ebda. 88, 1965, 22 ff.; W. Eck, Beförderungskriterien innerhalb der senatorischen Laufbahn, dargestellt an der Zeit von 69 bis 138 n. Chr., ANRW II 1, 1974, 158 ff.; G. Alföldy, Konsulat und Senatorenstand unter den Antoninen, Bonn 1977; A. R. Birley, The Fasti of Roman Britain, 1981, 4 ff.; P. M. M. Leunissen, Konsuln und Konsulare in der Zeit von Commodus bis Severus Alexander, Amsterdam 1989.

[18] G. Alföldy, Konsulat und Senatorenstand, 1977, 105 f.; A. R. Birley, Some governors of Moesia Inferior, Festschrift J. Fitz (im Druck).

„Augustus hat neue Ämter erfunden" – *nova officia excogitavit* –, schreibt Sueton, „um möglichst viele Personen an der Staatsverwaltung teilnehmen zu lassen"[19]. Aber viele Posten mußten ohnehin besetzt werden, z. B. eben die der Legaten in den kaiserlichen Provinzen. Wegen der *leges annales* war es natürlich, daß die neuen Posten im kaiserlichen Dienste auch weitgehend nach Anciennität besetzt wurden. Es gab aber nicht genügend Senatoren, um alle Posten, die nunmehr erforderlich waren, zu besetzen. Andererseits gab es Pflichten, vor allem im Finanz- und Steuerwesen, die zwar wichtig waren, die aber wohl als zu wenig ehrenvoll für Senatoren empfunden wurden[20]. Die Ritter hatten übrigens seit Jahrhunderten Offiziersstellen im Heere innegehabt. Solche Stellen wurden allmählich vermehrt, bis es im 2. Jahrhundert weit über fünfhundert gab, die erst in drei, dann in vier verschiedene Rangstufen geordnet waren, die *militiae equestres*[21]. Ebenfalls wurden die höheren Prokuratorenämter in drei, ab der zweiten Hälfte des 2. Jahrhunderts in vier Kategorien eingeteilt, nach der Höhe des Gehaltes *sexagenar, centenar, ducenar, trecenar* genannt[22].

Was die eigentliche Tätigkeit dieser hohen Herren, Senatoren und Ritter – die ja fast alle Großgrundbesitzer waren – angeht, sollte man folgendes bemerken. Bis in die moderne Zeit hat es kaum wirkliche militärische Akademien und Berufsgeneräle gegeben. Es ist deswegen nicht angemessen, die römischen Feldherren als „Amateure" zu bezeichnen[23].

Mit dem Ende der Republik wurde das römische Heer endgültig umgewandelt und wurde nun ein Berufsheer. Dieses Berufsheer hatte einige Berufsoffiziere, allen voran die Zenturionen, die Hauptleute, sechzig pro Legion, also insgesamt fast zweitausend. Außerdem sollte man die Offiziere erwähnen, die in den drei Einheiten der Hauptstadt – Prätorianergarde, *cohortes urbanae* und *vigiles* – dienten, zunächst als Zenturionen, dann, nach dem Dienst als Hauptzenturionen in einer Legion, *primus pilus*, wieder in Rom, nunmehr als Tribun, Oberst, der Reihe nach in den drei Einheiten[24]. Diese Gruppe der *primipilares* bildete wohl den professionellen Kern der römischen Streitkräfte, man könnte sie vielleicht als Stabsoffiziere des Generalstabes bezeichnen, dessen Chef der Prätorianerpräfekt war. Aber

19 Sueton, D. Aug. 37.

20 W. Eck, Die Ausformung der ritterlichen Administration als Antisenatpolitik; in: Opposition et résistances à l'empire d'Auguste à Trajan, Entretiens sur l'Antiquité Classique XXXIII, Genf 1986, 249 ff.

21 E. Birley, The equestrian officers of the Roman army, Durham University Journal 1949, 8 ff. = ders. Roman Britain and the Roman Army, Kendal 1953, 133 ff. = ders. The Roman Army. Papers 1929–1986, Amsterdam 1988, 147 ff.; H. Devijver, The Equestrian Officers of the Roman Imperial Army, Amsterdam 1989.

22 H.-G. Pflaum, Les procurateurs équestres sous le haut-empire romain, Paris 1950; Les carrières procuratoriennes équestres sous le haut-empire romain, Paris 1960 (1961); Supplément, Paris 1982.

23 Vgl. S. 12, 16 und A. 40 unten.

24 B. Dobson, Die Primipilares, Bonn 1978.

diese Offiziere waren trotzdem nicht nur nicht die obersten Befehlshaber der verschiedenen Militärbezirke des Reiches, sie waren auch nicht die künftigen Feldherren. Bis in die Mitte des 3. Jahrhunderts waren fast ausschließlich immer noch Senatoren wenn nötig die Feldherren.

Die Eigenschaften, die konsularische Legaten besitzen sollten, waren nicht nur militärische Fähigkeiten, Disziplin usw., man erwartete auch, daß solche Männer eine gewisse Kultur zeigten. Es ist keineswegs überraschend, daß Augustus einen Legaten schlechthin entlassen hat, als er feststellte, daß dem Mann ein grober Schreibfehler, *ixi* statt *ipsi*, unterlaufen war[25]. Die höchsten Vertreter Roms mußten kultivierte Leute sein[26]. Die Bevorzugung der höheren Bildung ließ im Laufe der ersten zwei Jahrhunderte nach Christus nicht nach, ganz im Gegenteil. Gebildete und wohlhabende Provinziale sind bis in die führende Elite aufgestiegen. Syme hat vor mehr als fünfzig Jahren geschrieben, daß „das antoninische Reich es mit vollem Erfolge verstand, die tatsächliche Herrschaft der Reichen unter der Hülle und mit der Rechtfertigung altrömischer Maßstäbe von Bürgertugend, verbunden mit griechischer Kultur, zu verbergen“[27]. Auf jeden Fall ist es bemerkenswert, daß auch von sogenannten *militares viri* ein hohes kulturelles Niveau verlangt wurde. Agricola z. B., der nach Tacitus die alten römischen Tugenden verkörperte, hat Philosophie in der griechischen Stadt Marseille studiert, bevor er seine öffentliche Laufbahn antrat[28]. Ein jüngerer Zeitgenosse, Sosius Senecio, General in den Dakerkriegen Trajans, war Freund und Gönner des Schriftstellers Plutarch[29]. Die höchsten Vertreter Roms mußten also, auch wenn sie teilweise oder sogar öfter beim Heer dienten, in den Provinzen die Ideale verkörpern, die, ob nur als eine Hülle oder nicht, öffentlich geschätzt wurden. Und, um zurück zum Thema „Amateur“ zu kommen: Die Statthalter der römischen Provinzen hatten nicht zu verwalten, sondern zu regieren. Verwaltungsbeamte aller Art gab es in großer Zahl, entweder die kaiserlichen Sklaven oder Freigelassene, oder Provinziale, die als Schreiber, Buchhalter usw. beschäftigt waren, oder auch Soldaten, die regelmäßig im römischen Heere Papierkrieg führten[30].

[25] Sueton, D. Aug. 88.

[26] R. Syme, Roman Papers VI, Oxford 1991: „There is no sign that a training in the classics impaired the abilities of military men and provincial governors such as Julius Agricola or Sosius Senecio (the patron and friend of Plutarch); and Avidius Cassius, on high praise for energy and stern discipline, issued from a family and milieu of high cultivation. Other ages or climes correspond. In China the period of the Han Dynasty (roughly 200 B. C.–A. D. 220) offers a parallel, although labouring under the reproach of the term ‚mandarin'“.

[27] R. Syme, rez. W. Weber, Rom: Herrschertum und Reich im zweiten Jh., Hist. Ztschr. 158, 1938, 559.

[28] Tacitus, Agr. 4,2–3.

[29] E. Groag, art. Sosius Nr. 11, RE III A. 1, 1927, 1180ff.; C. P. Jones, Plutarch and Rome, Oxford 1971, bes. 54ff.

[30] G. Boulvert, Esclaves et affranchis impériaux sous le haut - empire romain, Neapel 1970, 419ff.; A. v. Domaszewski, Die Rangordnung des römischen Heeres, 2. Aufl. hg. v. B. Dobson, Bonn-Köln 1967,

Nun endlich direkt zu der Frage: Nach welchen Kriterien haben die Kaiser Senatoren wie Agricola, Sosius Senecio, Julius Severus, Statius Priscus und die Hunderte, die ausschließlich aus den epigraphischen Quellen bekannt sind, ausgewählt? Wie haben die Kaiser die fähigsten Ritter für die höheren Prokuratorenstellen ausgesucht? War es meist nur aufgrund von Bestechung bzw. durch Protektion?

In einem Aufsatz aus dem Jahr 1950 hat Eric Birley eine allgemeine These über die Maßstäbe vorgeschlagen, nach denen die konsularischen Legaten befördert wurden. Seiner Meinung nach gab es zwei verschiedene Laufbahn-Typen: In dem einen war das Konsulat ein Sprungbrett in die höheren Posten, in dem anderen war es eher eine Auslaufstelle. Vor allem für die ersteren konnte festgestellt werden, daß bevorzugte Senatoren, denen der Kaiser konsularische Statthalterschaften anzuvertrauen beabsichtigte, lediglich zwei Posten zwischen Prätur (im Alter von etwa dreißig) und Konsulat innehatten. Hingegen haben Senatoren, deren Eigenschaften weniger geschätzt wurden, wesentlich mehr als zwei Posten ausfüllen müssen. In zwei weiteren Aufsätzen in den fünfziger Jahren wurde diese Hypothese weiterentwickelt. Kurz gefaßt: Künftige konsularische Statthalter durchliefen öfter eine beschleunigte Laufbahn zwischen Prätur und Konsulat und durften offenbar das Konsulat früher als im gesetzlichen Mindestalter von zweiundvierzig Jahren erreichen[31]. Die Erklärung wäre, daß die Kaiser solche Männer schon im Alter von etwa dreißig – oder sogar achtzehn bis zwanzig wollte Eric Birley vermuten[32] – als besonders geeignet für das Kommando über größere Heeresverbände erkannt und so rasch wie möglich durch die Ämterlaufbahn befördert haben.

XIff., 28ff.; nützliche Zusammenfassung von W. Eck, Die staatliche Administration des Römischen Reiches in der Hohen Kaiserzeit – ihre strukturellen Komponenten, in: 100 Jahre Neues Gymnasium Nürnberg, 1889–1989. Festschr. hg. v. R. Klein, Donauwörth 1989, 204ff., bes. 216ff.

31 E. Birley, The governors of Numidia A. D. 193–268, Horn. Rom. Stud. 40, 1950, 60ff. = Roman Army Papers, 1988, 115ff., bes. 67–122; Senators in the emperors' service, Proc. Brit. Acad. 39, 1953, 197ff. = Roman Army Papers 75ff.; Beförderungen und Versetzungen im römischen Heere, Carnuntum Jb. 1957 (1958), 3ff. = Roman Army Papers 93ff. (revidierte englische Fassung).

32 Proc. Brit. Acad. 39, 1953, 201ff. = Roman Army Papers 79ff. Die Hypothese, daß schon in der ersten Stufe der senatorischen Laufbahn, im Vigintivirat, künftige Statthalter der konsularischen kaiserlichen Provinzen im voraus „pradestiniert" wurden, indem sie entweder als *IIIviri monetales* oder als *IVviri viarum curandarum* dienten, wird meistens abgelehnt, vgl. etwa B. Campbell, Journ. Rom. Stud. 65, 1975, 18: „It is surely impossible to suppose that at an age when they had never seen an army ... young men were marked out as great generals of the future". B. Dobson, The „Rangordnung" of the Roman army, in: Actes du VIIe Congrès international d'épigraphie grecque et latine, Bukarest–Paris 1979, 192f. ist ebenfalls skeptisch. Er hat allerdings den Unterschied zwischen den Laufbahnen der *IVviri* und *Xviri stlitibus iudicandis* nicht gemerkt. R. P. Saller, Personal Patronage under the Early Empire, Cambridge 1982, 42 A. 11, der die Theorie Eric Birleys als unwahrscheinlich beurteilt, hat leider die Einzelheiten verkannt („Noting that IIIviri capitales und IVviri monetales -sic!- show a better rate of success ... usw." In der Tat, wie E. Birley zeigte, waren die *IIIviri capitales* die am wenigsten erfolgreichen, hingegen die *IIIviri monetales* und *IVviri viarum cur.* die erfolgreichsten). R. Syme hat die Beweiskraft von E. Birleys Deutung des Vigintivirats akzeptiert: vgl. etwa Tacitus, Oxford 1958, 63 („duties [sc. im Vigintivirat] were negligible, but the post allotted gave some sign

Wenn Eric Birley sozusagen die ersten Schritte auf diesem Wege signalisiert hatte und auch später ab und zu auf dieses Thema zurückkam, war es bald Ronald Syme, der ab 1953 – und bis zu seinem Tode – eine ähnliche Interpretation der senatorischen Laufbahn in der Prinzipatszeit vertreten hat[33]. Inzwischen haben jüngere Forscher, vor allem wohl Géza Alföldy und Werner Eck, wichtige Beiträge in der gleichen Richtung geleistet[34]. Eric Birley hat sich übrigens auch vorwiegend mit Heeresgeschichte und nicht zuletzt mit den ritterlichen Offizieren befaßt[35]. Ebenfalls im Jahre 1950 ist ferner das große Werk Hans-Georg Pflaums über die kaiserlichen Prokuratoren erschienen[36]. Pflaum hat zeigen können, wie sich die ritterliche Hierarchie in der Zeit zwischen Augustus und der Mitte des 3. Jahrhunderts entwickelt hat.

Zunächst hat die hier sehr oberflächlich skizzierte Hypothese allgemein Zustimmung gefunden. Einen Wendepunkt fünfundzwanzig Jahre nach dem ersten Aufsatz Eric Birleys über dieses Thema bildete aber eine Studie von Brian Campbell. In diesem Aufsatz setzte sich Campbell mit den Theorien von Eric Birley, Syme, Alföldy, Eck und anderen auseinander. Er glaubte zeigen zu können, daß es, entgegen den angeblichen Behauptungen der genannten Gelehrten, „keine militärische Oligarchie oder ‚Heeresoberkommando' gegeben hat"[37]. Nun wurde dieser Aufsatz bald mit Begeisterung in einer Reihe von Publikationen zitiert. Campbell

of a man's future prospects and career"); ders., Historia 22, 1983, 361 = Roman Papers IV, Oxford 1988, 280 („The posts in the vigintivirate were allocated in a far from random fashion. First of all, social distinction. The tresviri monetales and the tresviri capitales stand at notorious extremes. There was something else. Future prospects seem adumbrated. The IVviri viarum curandarum are better than the Xviri stlitibus iudicandis: a number go on to important positions in the service of the Caesars"). Für Listen der konsularischen Statthalter, deren Position im Vigintivirat belegt ist, vgl. A. R. Birley, The Fasti of Roman Britain, 1981, 4ff.; ders. in: Epigrafia e ordine senatorio, Tituli 4, Rom 1982 (1984), 240ff.

33 Vgl. etwa R. Syme, Journ. Rom. Stud. 43, 1953, 152 = Roman Papers I, Oxford 1979, 238; Journ. Rom. Stud. 47, 1957, 134 = Ten Studies in Tacitus, Oxford 1970, 115; Gnomon 29, 1957, 517 = Danubian Papers, Bukarest 1971, 179f.; Tacitus 1958, 33, 50, 67f., 655; Journ. Rom. Stud. 48, 1958, 2 = Roman Papers I 381; Gnomon 31, 1959, 515 = Danubian Papers 200; Historia 9, 1960, 362 = Roman Papers II, 1979, 477; ebda. 369 = 484f.; Historia 14, 1965, 358 = Danubian Papers 241; Dacia 12, 1968, 339 = ebda. 222f.; Historia 18, 1969, 360f. = Roman Papers II 783; Journ. Rom. Stud. 68, 1978, 19 = Roman Papers III, 1984, 1080; Some Arval Brethren, Oxford 1980, 39f.; Chiron 10, 1980, 437 = Roman Papers III 1326; Harvard Stud. Class. Phil. 86, 1982, 191ff. = Roman Papers IV, 1988, 31ff.; Athenaeum 62, 1984, 51 = Roman Papers IV 316f.; Roman Papers V, 1988, 586.

34 G. Alföldy, Die Generalität des römischen Heeres, BJbb. 169, 1969, 233ff. = ders., Römische Heeresgeschichte. Beiträge 1962–1985, Amsterdam 1987, 3ff. (mit Nachträgen 16ff.); Konsulat und Senatorenstand unter den Antoninen, Bonn 1977; Die Römische Gesellschaft. Ausgewählte Beiträge, Stuttgart 1986, bes. 139ff. W. Eck, ANRW II 1, 1974, 158ff.; sowie zahlreiche Einzelstudien (vgl. hier A. 6, 30 oben).

35 E. Birley, Roman Army Papers, 1988, 147ff., 349ff., 368ff.

36 S. A. 22 oben.

37 B. Campbell, Who were the „viri militares"?, Journ. Rom. Stud. 65, 1975, 11ff.

selbst hat in seiner erst 1984 erschienenen Dissertation seine Position wiederholt, wobei er darüber hinaus die inzwischen veröffentlichten Publikationen von u. a. Géza Alföldy, der die Äußerungen Campbells als unbegründet zurückgewiesen hat, zu widerlegen versuchte[38].

Nun ist es wohl begreiflich, daß der Aufsatz eines jungen Gelehrten, der sowohl Schüler von Fergus Millar als auch von Peter Brunt war, eine positive Rezeption gefunden hat. Es muß aber betont werden, daß die Grundlage der Campbell'schen These äußerst schwach ist. Er hat als Basis seiner scheinbar genauen Ausführungen über Laufbahn und Beschäftigung der konsularischen Legaten in der Zeit zwischen 70 und 235 n. Chr. eine Liste von 73 Senatoren als Anhang erstellt. Dadurch gewinnt der Leser, der mit dem Material – mit der Prosopographie – nicht vertraut ist, den Eindruck, daß Campbell durchaus Spezialist in diesem Bereich ist. Im Anhang will er nämlich sämtliche konsularischen Legaten, deren Laufbahn vor dem Konsulat bekannt ist, darstellen. Nun muß bemerkt werden, daß diese Liste einerseits unvollständig ist, da Campbell mehr als zwanzig Senatoren, die nach seinen eigenen Kriterien für die Untersuchung relevant gewesen wären, übersehen hatte. Andererseits sollten einige der 73 gestrichen werden. Im übrigen kann man eine ganze Reihe von Ungenauigkeiten bzw. Fehlern nachweisen, die die etwas oberflächlichen prosopographischen Kenntnisse Campbells verraten.

Das heißt: Statt seiner Liste über 73 hat man es mit einer Liste über 61 Senatoren zu tun, plus nach meinen eigenen Berechnungen wohl noch 20, also insgesamt etwa 81. Es ist also klar, daß statistische Folgerungen, die nach Campbells Anhang berechnet worden sind, keinen wissenschaftlichen Wert haben. Campbell versucht zu zeigen, daß die sogenannten *viri militares* nicht existierten: es habe nie eine Gruppe von Senatoren gegeben, deren Laufbahn besonders beschleunigt wurde, damit sie so schnell wie möglich ein konsularisches Kommando übernehmen konnten. Nun behauptet Campbell, daß lediglich neun Senatoren von seinen 73, also 12%, eine solche „schnelle" Laufbahn hatten, was seiner Meinung nach reiner Zufall ist. Wenn man aber seine Liste einerseits bereinigt, andererseits durch die Hinzusetzung der Senatoren, die er übersehen hat, erweitert, kann man mindestens 30 (von 81) Laufbahnen identifizieren, also etwa 37%, die als „schnell" bezeichnet werden können[39]. Auf solcher Basis aber wird die Analyse Eric Birleys und Symes durch diesen Aufsatz keineswegs widerlegt.

In dem gleichen Band, in dem der Aufsatz von Campbell erschien, wurde eine Abhandlung von Peter Brunt über die Präfekten Ägyptens veröffentlicht. Brunt

[38] Vgl. z. B. R. P. Saller, Personal Patronage under the Early Empire, Cambridge 1982, 81, 98; K. Hopkins und G. P. Burton, in: K. Hopkins, Death and Renewal. Sociological Studies in Roman History 2, Cambridge 1982, 156, 161ff.; B. Campbell, The Emperor and the Roman Army, Oxford 1984.

[39] Näheres über diese senatorischen Laufbahnen im Anhang 1, unten S. 31ff.

will zeigen, daß gegen die angebliche Meinung Pflaums fast keiner der Präfekten Ägyptens, deren Pflichten zweifelsohne zu den allerwichtigsten im ganzen Reich gehörten, irgendwelche früheren Erfahrungen in dieser eigenartigen Provinz hinter sich hatten, bevor sie dieses Amt übernahmen. Brunt konnte eine Liste von neunzig Präfekten erstellen, von denen die frühere Laufbahn in nicht wenigen Fällen gut bekannt ist. Brunt hat m. E. völlig recht, wenn er bemerkt, daß Spezialisierung der römischen Tradition fremd war. Das muß allerdings nicht bedeuten, wie Brunt behauptet, daß die Präfekten Ägyptens „Amateure" waren. Es war ihre Pflicht, das Land Ägypten zu regieren, nicht zu verwalten. Besonders in Ägypten, aber auch in einigen anderen Provinzen, konnte Rom ein raffiniertes Verwaltungssystem übernehmen und es dann durch Mitglieder der *familia Caesaris* und durch Soldaten erweitern[40].

Brunt ist 1983 in einem umfangreichen Aufsatz auf dieses Thema zurückgekommen, in dem er die ganze Frage der Beschäftigung der Ritter im kaiserlichen Dienst von Augustus bis zum Ende des Prinzipats neu erörtert[41]. Wiederum setzte er sich hier mit Pflaum auseinander sowie mit Pflaums großen Vorgängern Otto Hirschfeld und Arthur Stein, wobei er zugeben mußte, daß er ohne ihre Forschungen diesen „Essay" nicht hätte schreiben können. Ich will und kann hier nicht sämtliche Details von Brunts Untersuchung behandeln, möchte aber ein paar Punkte erwähnen. Er hat bestimmt recht, wenn er die Unvollständigkeit der Zeugnisse für die verschiedenen Prokuratorenstellen unterstreicht und dabei Pflaums Versuch in Zweifel stellt, die Erschaffung verschiedener Ämter einem bestimmten Kaiser zuzurechnen. Es ist seit dem Erscheinen des Werkes von Pflaum z. B. häufig der Fall gewesen, daß neue Inschriften die frühere Existenz eines Amtes bewiesen haben[42]. Außerdem möchte ich noch folgende Beobachtungen Brunts zitieren. „Da der Kaiser nicht in der Lage war, die Verdienste der unteren Beamten persönlich kennenzulernen, wenn nicht durch Zufall, müßte ihre Beförderung von dem Einfluß und der Gunst von Patronen abhängig gewesen sein". Er beruft sich auf die bekannten Zeugnisse für Bestechung unter Claudius und Vespasian, ferner auf die Arbeit von R. P. Saller. Entgegen früheren Meinungen, vor allem der Pflaums, versucht Saller zu zeigen, daß die bekannten ritterlichen Laufbahnen kein regelmäßiges Promotionsschema aufweisen, sondern nur einige Grundsätze, zum Bei-

[40] P. A. Brunt, The administrators of Roman Egypt, Journ. Rom. Stud. 65, 1975, 124 ff. Zum Begriff „amateurism" (Brunt 142): Wie mein Freund Harald v. Petrikovits in der Diskussion dargelegt hat, sollte man nicht vergessen, daß allein Großgrundbesitzer zu sein – wie es die Senatoren und die meisten ritterlichen Amtsträger waren – schon eine wichtige Schulung in der Verwaltung war.

[41] P. A. Brunt, Princeps and equites, Journ. Rom. Stud. 73, 1983, 42 ff. Vgl. auch seinen lehrreichen Beitrag The emperor's choice of amici, in: Alte Geschichte und Wissenschaftsgeschichte, Festschr. K. Christ, Darmstadt 1988, 39 ff.

[42] Journ. Rom. Stud. 73, 1983, 44, 70 A. 8.

spiel, daß Männer mit militärischen Erfahrungen für Prokuratoren mit militärischen Pflichten bevorzugt wurden, solche mit juristischer Erfahrung und rednerischer Begabung dagegen für Stellen, die mit den Gerichten zu tun hatten[43]. Es ist jedoch nicht zu leugnen, daß die verschiedenen höheren Posten, die durch Ritter besetzt wurden, je einen besonderen Rang hatten nach den bereits erwähnten drei, später vier Gehaltsstufen. Innerhalb dieser Rangstufen gab es weitere Unterschiede; allerdings änderten sich diese im Laufe der Zeit nicht selten. Man muß Brunt und Saller Recht geben, es gab keine Spezialisierung.

Manchmal war es natürlich entscheidend bei der Besetzung verschiedener Stellen, *wer* einen Kandidaten empfohlen hatte. Jeder, der ab und zu Mitglied einer Berufungskommission gewesen ist, weiß das aus eigener Erfahrung, weiß auch, daß private, mündliche Empfehlungen (auch negative) oft wichtiger sind als schriftliche Gutachten. Auch Bestechung war in Rom ab und zu einer der entscheidenden Faktoren[44]. Was die niedrigsten Stufen betrifft, waren die Kaiser vermutlich auf Empfehlungen ihrer „Generäle" bzw. der Chefs der verschiedenen Ämter angewiesen. Es war wohl üblich, daß die Befehlshaber der verschiedenen Militärbezirke, also der Provinzialheere, selbst ihre Offiziere in den niedrigeren Stufen ernennen durften oder sogar mußten: Zenturionen, sechzig pro Legion, Kommandeure der Auxiliareinheiten, Legionstribunen usw. Diese Ernennungen mußten allerdings offiziell vom Kaiser genehmigt oder bestätigt werden. Jeder Offizier mußte sein kaiserliches Patent haben[45]. Bei den höheren Offiziersstellen, also Legionslegaten, Statthalterschaften und Prokuratorenstellen, war es dem Kaiser vorbehalten, die Männer auszusuchen. Es ist m.E. kaum zu glauben, daß die übrigen Posten, also die Statthalterschaften, Legionskommandos, Präfekturen, Prokuraturen usw., nur nach gewissenhafter und sorgfältiger Arbeit in einer Kommission, oder andererseits nur nach Intrigen auf der Hintertreppe vergeben wurden. Für die wichtigsten Posten hat es offensichtlich *einige* Kriterien und Richtlinien gegeben. Das kann man aus der ziemlich regelmäßigen Reihenfolge der Laufbahnen folgern, sowohl von Senatoren – bei denen sie durch den gesetzlich geregelten Besitz der Magistraturen einigermaßen normiert wurde – wie auch bei den Rittern, wie man auf Grund der nach dem Gehalt bezeichneten Rangstufen schließen kann. Aber die Kaiser mußten doch zwischen mehreren Kandidaten wählen. Auch die fleißigsten Kaiser konnten unmöglich sämtliche sechshundert Senatoren, schon gar nicht die Tausende von Rittern, persönlich gekannt haben. Höchstens in ruhigen Zeiten, wenn der Kaiser lange Jahre in Rom blieb, war das vielleicht möglich. Ein Vorfall aus dem Jahre 196 ist in dieser Hinsicht einleuchtend.

[43] Journ. Rom. Stud. 73, 1983, 51f.; R. P. Saller, Personal Patronage, 1982, Kap. 1 und 2.
[44] W. Eck, in: Korruption im Altertum, 1982, 135ff. (A. 6 oben).
[45] E. Birley, Roman Army Papers, 1988, 153f.

Ein Schullehrer namens Numerianus hatte sich während des Bürgerkrieges des Severus gegen Albinus als Senator ausgegeben und wurde angeblich beauftragt, ein Heer auszuheben. Er hat nicht nur diesen fiktiven Auftrag erfolgreich durchgeführt, sondern eine Abteilung der Gegner mit seinen Rekruten geschlagen. Der Kaiser glaubte, daß der Mann tatsächlich Senator sei und hat ihn für seine Taten gelobt und belohnt[46]. Wenn ein Kaiser nicht imstande war, persönlich alle Senatoren zu kennen und so solche Ernennungen zu bestimmen, dann stellt sich die Frage, ob er einen „Minister" hatte, der dafür zuständig war, das heißt, nicht nur ein paar Günstlinge, die man eher Berater als Minister nennen könnte, sondern einen eigentlichen Minister, der selbst Personal und Schreiber, ein „Ministerium" mit Karteikarten, Ordnern, Personalunterlagen usw. unter seiner Kontrolle hatte.

Es gibt meines Erachtens genügend Zeugnisse – andere würden wohl sagen höchstens Andeutungen –, daß ein solcher Minister existierte. Vor fast vierzig Jahren hat Eric Birley diesen Beamten als den römischen *Military Secretary* bzw. Chef des römischen Heerespersonalamtes bezeichnet[47]. Sein Titel war *ab epistulis.* Ursprünglich war es seine Funktion, die Briefe des Kaisers zu schreiben, er war also ein Sekretär. Schon Cäsar hatte als Prokonsul Galliens einen solchen Mann in seinem Dienst, einen römischen Bürger gallischer Herkunft, dessen Bruder als Reiteroffizier ein Regiment seiner Landsleute unter Cn. Pompeius im Osten befehligt hatte, und dessen Sohn der große Historiker Pompeius Trogus war[48]. Augustus hat eine solche Stelle dem Dichter Horaz angeboten, der sie allerdings ablehnte[49]. Stattdessen hat Augustus Freigelassene als Sekretäre angestellt, und zwar nicht nur für die *epistulae,* sondern auch für die *rationes, libelli* usw.[50]. Unter Claudius wurden diese Freigelassenen zum ersten Mal in der Öffentlichkeit sichtbar. Der *ab epistulis* Narcissus wird öfter in den Quellen erwähnt[51]. Im Vierkaiserjahr 69 begegnet man zum ersten Mal römischen Rittern, die kurzfristig als kaiserliche Sekretäre dienten[52].

Die Flavier haben wiederum Freigelassene eingestellt. Unter Domitian wurde der *libertus ab epistulis* Abascantus in einem Gedicht des Dichters Statius hoch gelobt, ein Gedicht, das die umfangreichste Quelle für die Tätigkeit dieses Sekre-

[46] Dio 75, 5, 1–3.

[47] E. Birley, Proc. Brit. Acad. 39, 1953, 198 = ders., Roman Army Papers, 1988, 76; vgl. ferner Anhang 2, S. 42ff., unten.

[48] Iustin. 43, 5, 11.

[49] Sueton, Vita Horatii, S. 45 Reifferscheid. Richtig m. E. F. Millar, The Emperor in the Roman World, London 1977, 85: „the fact that Augustus was thinking primarily of his correspondence with friends does not show that the officium offered to Horace had no connection with the later post ab epistulis".

[50] O. Hirschfeld, Die kaiserlichen Verwaltungsbeamten bis auf Diokletian, Berlin ²1905, 307ff.; F. Millar (wie A. 49) 69ff.

[51] Anhang 2, S. 44ff., unten.

[52] Plutarch, Otho 9, 3; Tacitus, Hist. 1, 58, 1; D. 1447.

tärs überhaupt enthält[53]. Aber vor seinem Tode im Jahr 96 hat Domitian schon mit der alten Praxis gebrochen. *Ab epistulis* im Jahr 96 war ein ehemaliger ritterlicher Offizier, Cn. Octavius Titinius Capito. Merkwürdigerweise blieb Capito auch unter Domitians Nachfolgern Nerva und Traian in diesem Amt. Danach, spätestens im Jahr 102, wurde er zum *praefectus vigilum* - einem der höchsten ritterlichen Ämter - befördert[54].

Man will natürlich wissen, ob die *ab epistulis* lediglich die Briefe bzw. die Patente des Kaisers geschrieben haben und sonst nichts. Einige Historiker vertreten sogar die Meinung, die Kaiser hätten selbst ihre Briefe verfaßt bzw. diktiert, der *ab epistulis* wäre in diesem Falle nur ein *amanuensis* gewesen; oder man gibt zu, der *ab epistulis* habe den literarischen Stil des Briefes verbessern bzw. aufpolieren sollen[55]. Natürlich ist es schwierig festzustellen, ob ein Kaiser selbst einen jeden Brief verfaßte. Kaiserliche Briefe, Erlasse usw. wurden ja alle offiziell vom Kaiser verfaßt. Zunächst möchte ich versuchen, unter Berücksichtigung eines Beispiels aus der neueren Geschichte, dieses Problem zu beleuchten. Der britische Historiker Macaulay bemerkte in seinem Essay von 1842 über „the greatest king that has, in modern times, succeeded by right of birth to a throne", nämlich Friedrich den Großen, wie außergewöhnlich Friedrich im Vergleich mit den anderen Herrschern dieser Zeit war, indem er sich persönlich so sehr mit der Verwaltung beschäftigte. „Lewis the Fourteenth, indeed, had been his own prime minister, and had exercised a general superintendence over all the departments of the Government; but this was not sufficient for Frederic. He was not content with being his own prime minister: he would be his own sole minister ... The highest functionaries under his government were mere clerks, and not so much trusted by him as valuable clerks are often trusted by the heads of department ... His own exertions were such as were hardly to be expected from a human body or a human mind. At Potsdam ... he rose at three in summer and four in winter. A page soon appeared, with a large basket full of all the letters which had arrived for the King by the last courier, despatches from ambassadors, reports from officers of revenue, plans of buildings, proposals for draining marshes, complaints from persons who thought themselves aggrieved, applications from persons who wanted titles, military commissions, and civil situations. He examined the seals with a keen eye; for he was never for a moment free from the suspicion that some fraud might be practised on him. Then he read the letters, divided them into several packets, and signified his pleasure, generally by a mark, often by two or three words, now and then by some cutting epigram. By eight

[53] Statius, Silvae 5, 1, vgl. Anhang 2, S. 42f. unten.

[54] Anhang 2, Nr. A 1, S. 48, unten.

[55] Siehe vor allem F. Millar, Emperors at work, Journ. Rom. Stud. 57, 1967, 9ff. sowie ders., The Emperor in the Roman World, passim.

he had generally finished this part of his task. ... Then the King went to review his guards ... In the meantime the four cabinet secretaries had been employed in answering the letters on which the King had that morning signified his will. Those unhappy men were forced to work all the year round like negro slaves in the time of the sugar-crop ... The King, always on his guard against treachery, took from the heap a handful of letters at random ... to see whether his instructions had been exactly followed ... then signed the replies, and all were sent off the same evening"[56].

Diese Arbeitsweise wurde also als äußerst ungewöhnlich für einen Herrscher angesehen, wobei aber betont werden muß, daß das Königreich Preußen bei weitem kleiner als das römische Weltreich war, z.B. mit einem Heer von 60 000 Mann gegenüber den fast 500 000 Soldaten, die von Schottland bis zum Euphrat, von Rhein und Donau bis zur Sahara die „unermeßliche Majestät des römischen Friedens"[57] verteidigten. Um so unwahrscheinlicher ist es, daß die römischen Kaiser eigenhändig so viel erledigten. Ferner darf man hinzufügen, selbst die unglücklichen Diener Friedrichs mußten die königlichen Briefe nicht nur schreiben, sondern auch verfassen nach der königlichen Vorschrift. Kanzleichefs, die unter einem weniger aktiven Herrscher dienten, wären ohne Zweifel in der Lage gewesen, ihre eigenen Empfehlungen oder Entscheidungen durchzusetzen.

Ich kehre zum Sekretär des römischen Kaisers zurück. Im Rahmen dieses Vortrages kann ich kaum sämtliche bis jetzt bekannten Inhaber dieses Amtes aus dem 2. und 3. Jahrhundert erwähnen, schon gar nicht eingehend untersuchen[58]. Einige Punkte sind m. E. wichtig. Erstens: Im 2. Jahrhundert begegnen wir öfter getrennten Sekretariaten für lateinische und für griechische Briefe, *ab epistulis Latinis* und *ab epistulis Graecis,* wobei es aber noch nicht klar ist, ob diese etwa Staatssekretäre waren unter der Aufsicht eines *ab epistulis* „tout court". Es scheint plausibel, daß es schon unter der ersten Dynastie in der Zeit des Claudius eine Abteilung für griechische Briefe gegeben hat[59]. Möglich ist es, daß verschiedene Kaiser zu verschiedenen Zeiten dieses Amt einmal getrennt und einmal vereinigt haben. Es erscheint ferner plausibel, daß in der Regierungszeit Mark Aurels, Anfang der sechziger Jahre des 2. Jahrhunderts, die Abteilungen für griechische und lateinische Briefe endgültig getrennt mit einem eigenen Chef funktionierten. Jedenfalls werden fortan die Inhaber des Amtes, die epigraphisch erwähnt werden, entweder

[56] Thomas Babington Macaulay, Critical and Historical Essays II, London (Everyman Ed.) 1907, 119ff. (Rez. von Thomas Campbell, Frederic the Great and his Times, 2 Bde., London 1842), hier 140ff. Macaulays Essay über Friedrich den Großen wurde erst im April 1842 veröffentlicht, Macaulay war 1839–1841 Secretary at War (Kriegsminister) im Kabinett Melbourne.

[57] Plinius, Hist. Nat. 27,3: *„immensa Romanae pacis maiestate"*.

[58] S. Anhang 2, S. 41ff. unten.

[59] Anhang 2, Nr. C. 1–2, S. 49 unten.

als *ab epist. Gr.* oder als *ab epist. Lat.* bezeichnet[60]. Unsicher bleibt, welchen Rangunterschied es zwischen den beiden Ämtern gegeben hat. Anfänglich war offenbar der lateinische Sekretär der ranghöhere[61]. Nach der Reihenfolge der Ämter, die einige Inhaber des Amtes *ab epistulis* hatten, war der Sekretär ziemlich hoch bezahlt, das heißt, er war einer der Ducenarier. Nach Hans-Georg Pflaum hat es erst unter Mark Aurel eine höhere Rangstufe für Prokuratoren gegeben: die der Trecenarier. Nach Pflaum war zunächst der Chef des Finanzressorts, der *procurator a rationibus*, der einzige unter den sogenannten palatinischen Beamten, der das höchste Gehalt hatte. Pflaum vermutet weiter, daß unter Septimius Severus – also in einer Zeit der Inflation – nicht weniger als zehn der höchsten Prokuratoren diese Gehaltsstufe erreichten. Merkwürdigerweise waren aber beide Sekretäre, *Latinis* und *Graecis*, unter den Trecenariern[62].

Es ist immer wieder betont worden, daß die Inhaber des Amtes *ab epistulis* vornehmlich aus den Reihen der Intellektuellen bzw. Literaten und Schriftsteller stammten[63]. Der bestbekannte *ab epistulis* überhaupt ist Sueton, der ja nicht nur Verfasser der noch erhaltenen *vitae duodecim Caesarum* war, sondern eine ganze Reihe literarischer oder sogar wissenschaftlicher Arbeiten verfaßte[64]. Schon Titinius Capito, der erste ritterliche *ab epistulis*, wurde für seine literarischen Kompositionen von Plinius hoch gelobt[65]. Unter den *ab epistulis Graecis* begegnet man mehreren Intellektuellen. Die meisten sind allerdings Männer, deren Beschäftigung im kaiserlichen Dienst nur dadurch zufällig bekannt ist, daß diese Funktion im Rahmen einer Beschreibung ihrer literarischen Tätigkeit erwähnt wurde. Demgegenüber kennt man aber auch nicht wenige *ab epistulis*, die nicht nur diese angeblich vorwiegend literarische oder kulturelle Beschäftigung ausübten; d. h. sie hatten nachweislich eine eigentliche Ämterlaufbahn durchschritten. Schon Avidius Heliodorus und Valerius Eudaemo, obgleich eher als Literaten der Antoninenzeit berühmt, haben es bis zur Statthalterschaft Ägyptens gebracht, also zu einem Amt, das an zweiter Stelle nach der Prätorianerpräfektur eingereiht wurde. Etwas später wurden ebenfalls Calvisius Statianus und Aius Sanctus Präfekten Ägyptens. Drei von den *ab epistulis* wurden *praefectus vigilum* (Titinius Capito, Claudius Vibianus Tertullus und Valerius Titanianus). Zwei sind sogar Prätorianerpräfekt geworden, Cornelius Repentinus und Taruttienus Paternus. Das heißt, diese Männer schienen den Kaisern offensichtlich fähig, einige der wichtigsten Posten im

[60] Ausnahmen wären vielleicht Nr. A 11 u. 12, S. 48, 49 unten.

[61] Anhang 2, Nr. B. 3 = C. 5 war erst *ab epistulis Graecis*, später, nach drei weiteren Posten, *ab epistulis Latinis*, S. 49 f. unten.

[62] S. 54 unten.

[63] S. 41 unten.

[64] A. Wallace-Hadrill, Suetonius, The Scholar and his Caesars, London 1983.

[65] Anhang 2, S. 45 f. unten.

Reich zu übernehmen. Nach der *Historia Augusta* war Repentinus Prätorianerpräfekt durch die Gunst der Mätresse des Antoninus geworden. Erst vor dreizehn Jahren haben wir erfahren, daß der Posten, den er vorher innehatte, der des *ab epistulis* war; eine offenbar erstaunliche Beförderung. Aber es wird dadurch klar, daß der *ab epistulis* nicht wenig Ansehen besaß[66].

Im übrigen kann man nicht akzeptieren, daß die *ab epistulis* in ihrer früheren Laufbahn ausschließlich zivile oder sogar keine öffentlichen Erfahrungen hatten. Titinius Capito war ehemaliger ritterlicher Offizier. Ein späterer *ab epistulis*, dessen Name unbekannt ist, war nach seiner *cursus*-Inschrift nicht nur Militärtribun, sondern anschließend Befehlshaber der pannonischen Flotte, bevor er seine Prokuratorenlaufbahn begann. Caecilius Athenaeus, wahrscheinlich im frühen dritten Jahrhundert im Amt, wurde ebenfalls ritterlicher Offizier, wohl in mehreren Regimentern – „*a militiis*" heißt es von ihm auf seiner Ehreninschrift in Sufetula –, bevor er *procurator* wurde. Zwar gibt es Beispiele von Sekretären, wie etwa Cornelius Repentinus, Caecilius Crescens Volusianus oder Sueton, deren Laufbahn offenbar vollständig überliefert ist, die in der Tat keine militärische Erfahrung hatten[67]. Aber selbst Sueton, der Sohn eines ehemaligen Militärtribuns, war in jungen Jahren durch Vermittlung des Plinius zum Tribun im Heere des Legaten Neratius Marcellus ernannt worden. Im letzten Moment, bevor sein Name in die Stammrolle eingetragen wurde, hat der nervöse Gelehrte das Angebot abgelehnt. Er hätte ja wohl im äußersten Norden der Provinz Britannien dienen müssen[68]. Zwanzig Jahre später mußte Sueton dann doch diese Gegend besuchen. Als *ab epistulis* begleitete er seinen Kaiser. Das war so üblich. Wo immer der Kaiser sich aufhielt, war der Sekretär, der *ab epistulis*, mit dabei, mit anderen wichtigen Mitgliedern der „Regierung". Der Kaiser war Hadrian, der eben im Rahmen dieser Reise seine Mauer inspizieren oder sogar entwerfen wollte (nachdem er schon in Obergermanien die Holzpalisade hatte errichten lassen). Was ist dort sonst geschehen?

Sueton und sein Freund Septicius Clarus, einer der beiden Prätorianerpräfekten, der sich ebenfalls unter den Gefährten des Kaisers befand, wurden abgesetzt. Grund für die abrupte Entlassung war nach der einzigen Quelle, der *Historia Augusta*, daß Sueton und Septicius sich „um jene Zeit im Umgang mit der Kaiserin Sabina" – sie war also mit von der Partie ... – „größere Vertraulichkeit erlaubt hatten, als sich mit der strengen Hofetikette vertrug". Also eine Frauengeschichte. Wenig wahrscheinlich, nicht zuletzt, weil Hadrian selbst – wie die *Historia Augusta* an-

[66] HA Ant. Pius 8,9: „*sed Repentinus fama percussus est, quod per concubinam principis ad praefecturam venisset*". AE 1980, 235, vgl. Nr. A. 6, Anhang 2, S. 48, 51 unten.

[67] S. 48ff. unten.

[68] Sueton, Otho 10,1 (sein Vater); Plinius, Ep. 3,8 (Neratius Marcellus; zur Laufbahn des Marcellus, PIR² N 55).

schließend erwähnt – „sich sogar von seiner Gattin um ihres launischen und schroffen Wesens willen getrennt hätte, – so pflegte er zu bemerken –, wäre er nur Privatmann gewesen". Vielleicht, wie Ronald Syme vermutete, war es nur, daß „Spannung und Ärger öfter durch Reisen verursacht werden, was besonders zwischen Verehrern der Literatur und der Kultur passiert. Darüber hinaus muß man hinzufügen: ein Sommer in Nordengland". Man darf m. E. vermuten, daß Sueton deswegen entlassen wurde, weil er den Pflichten seines Amtes nicht gewachsen schien[69].

Wie bereits erwähnt, kennen wir die vollständige Laufbahn der *ab epistulis* nur in wenigen Fällen. Um so wichtiger ist es, die *cursus*-Inschriften eines Mannes, der um das Jahr 162 zum Sekretär *ab epistulis* befördert wurde, T. Varius Clemens aus der norischen Stadt Celeia, dem slowenischen Celje, zu betrachten. Die 160er und 170er Jahre waren eine Krisenzeit. Am Anfang seiner Karriere war Clemens wohl mindestens zehn Jahre lang ritterlicher Offizier: Kohortenpräfekt in Dakien, Militärtribun im niedergermanischen Xanten, Reiteroffizier in Pannonien, der Reihe nach also die *tres militiae.* Nach seiner letzten Offiziersstelle hatte er eine Sondermission inne, in der er Verstärkungen aus Spanien nach Mauretania Tingitana leitete, wo ein Krieg im Gange war, und wo er zum Kommandeur eines der Eliteregimenter des Reiches, der *ala milliaria Britannica,* befördert wurde, also die *militia quarta* ausüben konnte. Dann begann seine Verwaltungslaufbahn als Prokurator, oberster Finanzverwalter Kilikiens, im Süden der Türkei, dann Lusitaniens. Im Jahre 152 wurde er Präsidialprokurator in Mauretania Caesariensis, also Statthalter und Oberbefehlshaber, anschließend Statthalter Rätiens, um dann um das Jahr 160 zum Prokurator der Belgica und der beiden Germanien ernannt zu werden. Er hatte also während einer wahrscheinlich fast ununterbrochenen Beschäftigung im kaiserlichen Dienst über mindestens fünfundzwanzig Jahre mehrere Teile des Reiches persönlich kennengelernt. Übrigens lag seine Heimat, Noricum, gerade in einer Gegend, die bald besonders gefährdet sein sollte[70].

Es mag naheliegend scheinen, daß die Ernennung des Varius Clemens tatsächlich eine große Ausnahme war, eben wegen der militärischen Krise, die sich gleich nach dem Regierungsantritt Mark Aurels 161 entfaltete. Die kaiserlichen Ratgeber hatten wohl bald erkannt, daß mehrere Inhaber militärischer Kommandos unfähig waren, und daß es dringend nötig war, jemanden als Chef des Sekretariats einzustellen, der künftige Ernennungen selbst empfehlen bzw. bewerten könnte. Mit anderen Worten, erst unter Mark Aurel und vielleicht nur vorübergehend – so könnte man vermuten – ist der *ab epistulis* tatsächlich eine Art Chef des Heeresper-

[69] HA Hadr. 11,3 (mit der Lesung „*in usu eius*" statt „*iniussu eius*"); R. Syme, Hermes 109, 1981, 114 = Roman Papers III, 1984, 1345f.

[70] Anhang 2, Nr. A. 8, S. 48ff. unten.

sonalamtes geworden[71]. Immerhin möchte ich die – freilich spärlichen – literarischen Hinweise für eine Tätigkeit verschiedener *ab epistulis* im militärischen Bereich zitieren. Der Freigelassene Narcissus war es, der dem künftigen Kaiser Vespasian ein Legionskommando in Germanien vermittelte. Kurz danach finden wir Narcissus an der gallischen Küste beim großen Sonderlager, in dem das römische Invasionskorps die Überfahrt nach Britannien erwartete. Als die Soldaten aus Furcht gegen die bevorstehende Reise ins Unbekannte meuterten, war es der freigelassene Sekretär, der sie durch eine Ansprache überreden sollte. Fünfzig Jahre später beschreibt der Dichter Statius die wichtigen Pflichten, die dem ebenfalls freigelassenen *ab epistulis* Abascantus zukamen: Wie er Domitian am Rhein und an der Donau begleitete, und vor allem, daß er es war, der die Patente an Zenturionen und ritterliche Offiziere vergab. Zwar bedeutet das nicht, daß Abascantus selbst die Offiziere ernannt hätte, er hatte allerdings, was schon wichtig ist, die Kontrolle über das Hofamt, in dem die Patente geschrieben wurden. Für den ersten ritterlichen Kanzleichef, Titinius Capito, liegt zunächst kein unmittelbarer Beweis für eine Beschäftigung im militärischen Bereich vor. In dem Brief jedoch, in dem Plinius den Capito, der selbst Schriftsteller war, als einen trefflichen Mann lobt, lesen wir, wie „er die Studien ehrt, die liebt, die sich ihnen widmen und sie begünstigt und fördert *(provehit)*." Die Beförderung gebildeter Männer *(studiosi)* durch den Kanzleichef sollte eigentlich bedeuten, daß er ihnen Offiziersstellen verschaffte. (Zugegeben, dieser Brief ist im achten Buch der plinianischen Sammlung, könnte aber trotzdem zu einer Zeit, als Capito noch *ab epistulis* war, geschrieben worden sein.) Das dritte Beispiel stammt aus der Zeit der Markomannenkriege unter Mark Aurel. In einem Exzerpt aus dem Geschichtswerk Cassius Dios wird erzählt, wie der damalige *ab epistulis* Latinis Taruttienus Paternus sogar einen barbarischen Stamm – die Cotiner jenseits der Donau – in einem Feldzug gegen die Markomannen führen sollte. Einige Jahre später war derselbe Paternus, der außerdem als Experte im Bereich Militärrecht bekannt wurde Prätorianerpräfekt und erhielt in dieser Eigenschaft den Oberbefehl im Feld. Schließlich kann man den Fall des Marcius Claudius Agrippa zitieren. Als Kanzleichef unter Caracalla fiel er in Ungnade, weil er „Offizierspatente an unreife Knaben vergeben hatte". Hier ist es gut möglich, daß ein *ab epistulis* nicht nur, wie einst Abascantus, die Ernennungen zu den Offiziersstellen bekanntmachte, sondern daß er die Offiziere auch selbst ernannte. Sein Fehler war nicht, daß er selbständig gehandelt hatte, sondern daß er die Patente an Minderjährige vergab[72].

Freilich kann man gegen eine solche Deutung der Rolle des Kanzleichefs einwenden, daß etwa Narcissus oder Marcius Agrippa nur als Günstlinge des Kaisers han-

[71] Vgl. S. 48, 51 unten.
[72] Anhang 2, S. 42ff. unten.

delten und daß es reiner Zufall war, daß sie gleichzeitig *ab epistulis* waren. Wie die Quellen ausführlich berichten, konnte eine Reihe anderer Personen, die gute Beziehungen zum jeweiligen Kaiser hatten, das gleiche tun: Ob eine Geliebte des Kaisers oder eine Kaiserin, ein Prätorianerpräfekt oder irgendeine Graue Eminenz[73]. Hingegen scheint der aktive Kriegsdienst eines Taruttienus Paternus den Beweis zu liefern, daß dieser Kanzleichef auch als aktiver Militär eingesetzt werden konnte. Wieviel Verantwortung bzw. Selbständigkeit ein *ap epistulis* ausüben konnte, hing wohl von der Neigung bzw. vom Regierungsstil seines Kaisers ab.

Es ist keineswegs überraschend, daß – eben wegen der bevorzugten Rolle der höheren Bildung – diejenigen, die unter den wichtigsten Ratgebern des Kaisers bei der Besetzung höherer Posten waren, die *ab epistulis*, selbst öfter Literaten waren. Titinius Capito „beförderte die *studiosi*". In den Empfehlungsbriefen, die Plinius und Fronto an Statthalter in kaiserlichen Provinzen schrieben, um Offiziersstellen für ihre Schützlinge aus dem Ritterstand zu vermitteln, werden nicht zuletzt die kulturellen Eigenschaften ihrer Klienten hervorgehoben. Voconius Romanus wird nicht nur als „ein hervorragender, feinsinniger, anziehender, beweglicher, in der Prozeßführung erfahrener Kopf" gelobt, sondern weil „er Briefe schreibt, daß man glauben könnte, die Musen selbst redeten lateinisch". Varisidius Nepos war „ein tätiger, gerader und – was bei mir wohl am meisten Gewicht hat – redegewandter Mann". Ein reicher Mann, den Plinius als „die Zierde meiner Region" betrachtete, Cornelius Minicianus, „liebt die Studien wie sonst nur arme Leute" – außerdem war er „der korrekteste Richter, der mutigste Sachwalter, der treueste Freund". Fronto lobt die *elegantia* des Calvisius Faustinianus, er kann seine hohe

[73] Vgl. z.B. R.P. Saller, Personal Patronage, 1982, 66, vgl. 44. Saller erwähnt allerdings nur den Fall des Legionskommandos Vespasians, nicht dagegen die anderen Belege für die Beschäftigung des Narcissus im militärischen Bereich. Skeptisch auch B. Dobson, Actes du VIIe Congr. d'épigraphie, 1979, 210f., der aber ebenfalls nur vereinzelte Zeugnisse zitiert. Eine ausgewogenere Meinung vertritt W. Eck, 100 Jahre Neues Gymnasium Nürnberg, 1989, 222: „Personen, die Einfluß beim Kaiser hatten, sei es wegen der engen faktischen Nähe zu ihm ..., sei es wegen der sozio-politischen Stellung, versuchten, den Herrscher mündlich oder schriftlich zu beeinflussen zugunsten eines Amtsanwärters, der ihnen tatsächlich oder nur finanziell ‚nahe stand'. Soweit diese Einflußnahme ohne Bestechung erfolgte, war sie anerkannt und mußte bei entsprechenden Nahverhältnissen sogar geleistet werden. Ohne Zweifel wurden auf diese Weise viele Ämter vergeben bzw. die Vergabe wurde zumindest erleichtert. Doch ist es unwahrscheinlich, daß dies etwa die einzigen Kriterien waren, die bei einer Entscheidung berücksichtigt wurden. Vielmehr machen die zahlreichen Regelmäßigkeiten in vielen Laufbahnen von Senatoren und Rittern es recht wahrscheinlich, daß auch andere Überlegungen bei den Entscheidungen durch den Kaiser eine Rolle gespielt haben, so z.B. die vorausgegangenen Stellungen sowie, vermutlich, auch die allgemeinen Fähigkeiten, die ein ‚Bewerber' dabei bewiesen hatte. Ob diese Kenntnisse dem Kaiser durch den ab epistulis, der eine Art Personalchef des Reiches gewesen sein soll, oder von anderen offiziellen Beratern bzw. einflußreichen Personen verschafft wurden, läßt sich aus unseren Quellen nicht eindeutig erschließen. Vermutlich war beides von Bedeutung. Doch ist ganz sicher, daß Ernennungen und Beförderungen unter Normalumständen stets einer direkten Entscheidung des Kaisers bedurften."

Bildung garantieren – seine militärische Erfahrung könnten seine früheren Kommandeure bescheinigen[74].

Die gleichen Eigenschaften waren bestimmt auch für die höheren Stellen im kaiserlichen Dienst erforderlich. Wir haben leider nur ein einziges Beispiel eines Patentes, eines Ernennungsbriefes für einen höheren Amtsträger. An der Basis einer Ehrenstatue im nordafrikanischen Bulla Regia wird der Brief des Kaisers wörtlich zitiert, in dem aber nur ziemlich allgemeine Qualifikationen zum Ausdruck kommen:

„Kopie der *codicilli:* Cäsar Antoninus grüßt seinen Domitius Marsianus! Da es schon lange mein Wunsch ist, dich zu der hohen Würde einer Ducenar-Prokuratur zu befördern, ergreife ich die Gelegenheit, die sich jetzt ergeben hat, und ernenne dich hiermit zum Nachfolger des Marius Pudens; und sei meines fortgesetzten Wohlwollens versichert, solange du dir deiner Uneigennützigkeit, deines Fleißes und deiner Erfahrung bewußt bleibst. Leb wohl, mein teuerster Marsianus."[75]

Innocentia diligentia experientia: nichtssagende Gemeinplätze, könnte man bemerken; Uneigennützigkeit, Fleiß und *Erfahrung* sind jedoch keine schlechten Empfehlungen bzw. Beförderungskriterien für eine Beschäftigung im öffentlichen Dienst. Es ist vielleicht kein Zufall, daß der Kaiser, der solche Eigenschaften auf diese Weise hoch schätzte, eben der Philosoph Mark Aurel war. Angeblich hat sein Sohn Commodus hingegen „als Statthalter in die Provinzen diejenigen entsandt, die entweder Genossen seiner Schandtaten waren oder von solchen empfohlen waren"[76]. Mark Aurel war es, der „ständig nicht nur die militärischen, sondern auch die politischen Angelegenheiten, bevor er etwas unternahm, mit den Besten der Nation behandelte. ‚Es ist gerechter', sagte er, ‚daß ich den Rat so vieler hervorragender Freunde befolge, als daß so viele hervorragende Freunde sich meinem

[74] Plinius, Ep. 2, 13, 6f. (Voconius Romanus: „*mira in sermone, mira etiam in ore ipso vultuque suavitas. ad hoc ingenium excelsum, subtile, dulce, facile, eruditum in causis agendis; epistulas quidem scribit, ut Musas ipsas Latine loqui credas*"); 4,4,1 (Varisidius Nepos: „*virum industrium, rectum, disertum, quod apud me potentissimum est*"); 7, 22, 2 (Cornelius Minicianus: „*ornamentum regionis meae seu dignitate seu moribus. natus splendide abundat facultatibus, amat studia, ut solent pauperes. idem rectissimus iudex, fortissimus advocatus, amicus fidelissimus*"). Fronto, Ad amicos 1, 5, 2 (Calvisius Faustinianus: „*quantum ex tua benivolentia Faustinianus ornamenti adsequetur, tantundem tu voluptatis ex Faustiniani elegantia capies. quam doctus sit, mihi crede; quam rei militaris peritus, praedicant omnes sub quibus meruit. sed tum demum doctrinae industriaeque suae fructum sese percepisse putabit, ubi se tibi probarit. fac periculum in militiae muneribus, fac periculum in consiliis iudiciaris, fac periculum in litteris, omni denique prudentiae et facilitatis usu vel serio vel remisso: semper et ubique eum parem sui invenies*"). Es sollte hier erwähnt werden, daß der Vater des Faustinianus, Calvisius Statianus, ein paar Jahre später *ab epistulis Latinis* wurde.

[75] AE 1962, 183, vgl. H.-G. Pflaum, BJbb. 171, 1971, 349ff.

[76] HA Comm. 3,8: „*misit homines ad provincias regendas vel criminum socios vel a criminosis commendatos*".

alleinigen Entschluß beugen'"[77]. Deshalb scheint es mir plausibel, daß dieser Kaiser eben deswegen Varius Clemens als Sekretär, *ab epistulis*, eingestellt hat, weil dieser die Qualität der militärischen Befehlshaber in einer Krisenzeit besser einschätzen konnte.

Es ist in der Tat möglich, gerade unter Mark Aurel einen merkwürdigen Wandel in der Besetzung höherer Posten festzustellen. Zu Anfang seiner Regierungszeit hat man zwar – ähnlich wie im Jahr 132 – zur Krisenstelle im Osten einen älteren, erprobten General entsandt. Dieser Feldherr, Statius Priscus, hatte – wohlgemerkt – seine Laufbahn als ritterlicher Offizier unter Hadrian begonnen, mußte aber unter Antoninus Pius, ohne irgendeine Beschleunigung in seiner vorprätorischen Karriere, bis in die Mitte der fünfziger Jahre warten, bevor er seine Begabung beweisen konnte. Die römischen Niederlagen im Jahr 161 und der offenbar schlechte Zustand des Heerwesens im Osten zeigten, daß dringend ein neuer Typ von Befehlshaber gebraucht wurde[78]. Nun zeigt es sich, daß ab der Mitte der sechziger Jahre des 2. Jahrhunderts, also in der Zeit, als der neue Kanzleichef Varius Clemens im Amt war, eine Reihe von Beförderungen stattfanden, die als außergewöhnlich bezeichnet werden müssen. Drei junge Männer, die sich als Legionslegaten im Partherkrieg ausgezeichnet hatten, Claudius Fronto, Martius Verus und Avidius Cassius, wurden – ohne vorher eine prätorische Provinz verwalten zu müssen – zum Konsul befördert, um sogleich die wichtigsten konsularischen Provinzen Obermösien (und bald danach Dakien), Kappadokien und Syrien zu übernehmen. Etwas später ist der Aufstieg zweier Männer, Helvius Pertinax, Sohn eines ligurischen Freigelassenen und Valerius Maximianus aus der pannonischen Kolonie Poetovio, besonders auffallend. Man könnte auch andere Beispiele nennen, die eine neue Flexibilität in der Personalpolitik in diesen Jahren beweisen[79].

Auf diese Weise konnte das Reich die erste wirklich große Krise überwinden. Mehr als zweihundert Jahre später hat Ammianus Marcellinus an die Markomannenkriege erinnert: „Als Kaiser Mark Aurel regierte, steigerte sich der Wahnwitz sonst uneiniger Stämme zu einem gemeinsamen Vorhaben, und nach unendlichen

[77] HA M. Ant. Phil. 22, 3–4; vgl. M. Aurel, Ad se ipsum 10, 12, 1: „Wozu das Grübeln und Sorgen, wenn du in der Lage bist, zu ergründen, was du zu tun hast, und wenn du erkennst, dann willig, ohne rechts oder links zu sehen, deinen Weg zu gehen – wenn du es aber nicht erkennst, dann innezuhalten und die besten Ratgeber zu befragen". Diese Stelle bezieht sich zweifellos in erster Linie auf Mark Aurels Kampf mit sich selbst, nicht auf seine Kriegführung; sie kommt jedoch gleich nach dem einzigen ausdrücklichen Hinweis auf die Kriege, 10, 10.

[78] Zu Statius Priscus, vgl. A. 15, oben. Zur Demoralisierung des Heeres etwa Fronto, Ad Verum Imp. 2, 1, 19; Princ. Hist. 11f.

[79] Claudius Fronto: PIR² C 874; Martius Verus: M 348; Avidius Cassius: R. Syme, Roman Papers V, 1988, 689ff.; Pertinax und Maximianus: G. Alföldy, Römische Heeresgeschichte 1987, 326ff.; zur Rolle des Varius Clemens, Pflaum, Carrières S. 372.

Kriegsstürmen, nach den Leiden eroberter und geplünderter Städte und nach der Bestrafung der Feinde für den Tod eines Feldherren hatte er nur geringe Teile von ihnen unberührt gelassen. Doch nach gefährlichen Rückschlägen wurde wieder Ordnung geschaffen. Das war dem Umstand zu verdanken, daß die maßvollen Menschen in der alten Zeit noch nicht von der Weichlichkeit eines üppigeren Lebens angesteckt waren und nach luxuriösen Tafeln und schändlichem Gewinn strebten. Vielmehr eilten sie alle ohne Unterschied, ob hoch oder niedrig, in einmütigem Eifer einem ruhmvollen Tod für den Staat entgegen, gleichsam, als ob er ein ruhiger und friedlicher Hafen wäre." Der Feldherr, den Ammian erwähnt, könnte sehr wohl eben der Claudius Fronto gewesen sein, der „nach einigen erfolgreichen Schlachten gegen Germanen und Iazygen bis zum letzten für das Vaterland kämpfend gefallen war"[80].

Freilich, gegen Ende des 2. und zu Beginn des 3. Jahrhunderts änderte sich die Lage. Es wurde zum Beispiel nunmehr üblich – was früher unerhört war –, daß Senatoren, auch diejenigen, die später die höchsten konsularischen Posten übernehmen sollten, als Prätorier mehrere Statthalterschaften und andere Posten, die den gleichen Rang wie Statthalterschaften hatten, nacheinander bekleideten. Die „schnelle prätorische Laufbahn" verschwand. Die Gründe sind immer noch unklar[81]. Schließlich hat Kaiser Gallienus die Senatoren aus dem Militärdienst ausgeschlossen[82]. Sie wurden durch harte Männer bäuerlicher und vornehmlich illy-

[80] Ammian. 31, 5, 13–14: „*verum post calamitosa dispendia, res in integrum sunt restitutae, hac gratia, quod nondum solutioris vitae mollitie, sobria vetustas infecta, nec ambitiosis mensis nec flagitiosis quaestibus inhiabat, sed unanimanti arodere, summi et infimi inter se congruentes, ad speciosam pro re publica mortem, tamquam ad portum aliquem tranquillum properabant et placidum*". Vgl. D. 1098 (Ehrendenkmal für Claudius Fronto im Forum Traiani): „*Huic senatus auctor[e] imperatore M. Aurelio Antonino Aug. ..., quod post aliquot secunda proelia adversum Germanos et Iazyges ad postremum pro r.p. fortiter pugnans ceciderit, armatam statuam[poni] in foro divi Traiani pecunia publica cen[suit]*". Ammian könnte sehr wohl diese Inschrift gelesen haben.

[81] Vgl. die Laufbahnen folgender Senatoren: C. Junius Faustinus (P.M.M. Leunissen, Konsuln und Konsulare, 1989, 3829), Q. Aradius Rufinus (Leunissen 383), P. Plotius Romanus, Rutilius Pudens Crispinus (Leunissen 390), M. Domitius Valerianus (K. H. Dietz, Senatus contra principem, München 1980, 143ff.).

[82] Aurelius Victor, De Caes. 33, 33: „*quia ipse Gallienus metu socordiae suae ne imperium ad optimos nobilium transferretur, senatum militia vetuit et adire exercitus*". O. Seeck, Geschichte des Untergangs der antiken Welt, I ii, Stuttgart ²1921, 29f., 483f., vermutete, daß die Senatoren während der ersten Hälfte des 3. Jahrhunderts allmählich weniger Interesse für eine militärische Laufbahn äußerten und daß Gallienus gezwungen wurde, Generäle völlig anderer Herkunft einzustellen; zustimmend E. Birley, Proc. Brit. Acad. 39, 1953, 207f. = Roman Army Papers, 1988, 207f. Vgl. zum Zusammenbruch des alten Systems auch A. R. Birley, The Fasti of Roman Britain, 1981, 34: „What contributed largely to its disintegration was the breakdown of mutual esteem between emperor and senate in the reign of Commodus, which was followed by the civil wars of A. D. 193–7. The process that was to reach its climax with the so-called Edict of Gallienus was then in motion. Either fewer senators were willing to serve the emperor, or vice versa, fewer senators enjoyed the emperor's confidence ... The

rischer Herkunft ersetzt – neue Generäle, die von der Pike aufgestiegen waren und die, obgleich „ritterlichen Ranges", eine völlig andere Prägung hatten als die *studiosi* der Hohen Kaiserzeit[83].

Was das Amt des *ab epistulis* angeht, so existierte es noch in der Spätantike und zwar zu diesem Zeitpunkt unter der Leitung des *magister epistularum*. Dieser hat allerdings durch die Schaffung neuer „Minister"posten, z. B. des *magister memoriae*, dann des *quaestor sacri palatii* und des *magister officiorum*, seinen einstigen Einfluß einbüßen müssen. Das Amt des *magister memoriae*, erst im späten 3. Jahrhundert nachweisbar, ist wahrscheinlich durch eine Teilung der Kompetenzen des *ab epistulis* entstanden[84]. Wir können einen *magister memoriae*, Sicorius Probus, unter Diokletian beobachten, der praktisch als „Reichsaußenminister" operierte[85], eine Beschäftigung, die ein wenig an die Mission des Taruttienus Paternus jenseits der Donau erinnert[86].

subdivision of provinces, and the reduced length of tenure of their governorships ... may well have reduced the attractiveness of such posts. Besides this, there was the chance (not attractive to most) that the troops might incite their commander to seize the throne – and even if this did not happen, suspicious emperors might mistakenly believe that it would."

83 Daß die neuen „ritterlichen" Befehlshaber völlig anderer Herkunft als die früheren ritterlichen Offiziere und Prokuratoren waren, konnte H. G. Pflaum, Zur Reform des Kaisers Gallienus, Historia 25, 1976, 109 ff. deutlich zeigen.

84 Vgl. A. H. M. Jones, The Later Roman Empire, Oxford 1964, Kap. 12, mit A. 3 (zum *magister memoriae* – wo allerdings die zitierten Stellen aus der HA Cl. 7,2 und Car. 8,4 wohl fiktiv sind – zum *magister epistularum* und zum *quaestor sacri palatii*) und A. 6 (zum *magister officiorum*). Zum *magister memoriae* s. jetzt M. Peachin, The Office of the Memory, in: E. Chrysos, Hrsg., Studien zur Geschichte der römischen Spätantike. Festgabe ... J. Straub, Athen 1989, 168–208 (wobei ich seine frühe Datierung des M. Aurelius Julianus, PIR^2 A. 1537, a. a. O. 171 A. 7, 187 f., nicht akzeptieren kann). Besonders interessant ist die Stelle bei Pseudo-Codinus, die Peachin a. a. O. S. 198 ff. handelt: *Τὸ τοῦ ἐπὶ τῶν ἀναμνήσεων ὑπερέτημα πάλαι μὲν ἦν τὸ ἀπογράφεσθαι τοὺς ἐν ταῖς στρατείαις καὶ ἀλλαχοῦ ἀριστεύοντας, ἀναμιμνήσκειν τε ὑπὲρ αὐτῶν τῷ βασιλεῖ ἵνα λαμβάνωσι τὰς προσηκούσας τιμάς· κατὰ δὲ τὸ παρόν οὐδεμίαν ὑπηρεσίαν ἔχει.* (Pseudo-Codinus, De officiis 185–6 Verpaux = 41,8 Bekker). „Die Aufgabe des *a memoria* war es ehemals, diejenigen, die sich im Militärdienst oder anderswo ausgezeichnet hatten, zu registrieren und den Kaiser an diese zu erinnern, damit sie die angemessenen Ämter bekamen, usw." Gerade eine solche Tätigkeit möchte ich für den *ab epistulis* der Prinzipatszeit vermuten.

85 Petrus Patricius, Fr. 14 (FHG IV 189).

86 Die Anregung, mich erneut diesem Thema zu widmen, verdanke ich Herrn Dr. P. M. M. Leunissen. Für viele wertvolle Hinweise bin ich meinem Freund Werner Eck zu besonderem Dank verpflichtet.

Anhang 1:

Die prätorische Laufbahn der Statthalter kaiserlicher konsularischer Provinzen in der Zeit 70 bis 235 n. Chr.

B. Campbell, Who were the „viri militares"?, Journal of Roman Studies 65, 1975, 11–31, hat das Konzept der „viri militares", wie es von Eric Birley, R. Syme, G. Alföldy, W. Eck u. a. dargestellt wurde, scharf kritisiert. Er nimmt als Beispiel ein Zitat von Syme, Journ. Rom. Stud. 47, 1957, 134 f.: „There is an especially favoured class of ‚viri militares' – men who pass straight to the consulate after only two posts, viz. a legionary command and a praetorian province ...

The successful ‚vir militaris' can reach the consulate a dozen years from the quaestorship, seven or eight years from the praetorship. That is to say he is consul at 37 or 38". Anhand einer Liste von 73 konsularischen Statthaltern versucht Campbell zu zeigen, daß dieses Konzept nicht begründet ist: er behauptet, daß in der Tat nur 9 von den 73 eine solche Laufbahn – Prätur, Legionskommando, prätorische Provinz, Konsulat – innehatten. Zwar räumt Campbell ein, daß „this list is not necessarily complete", meint aber, daß „the number of complete careers of consular legates that may come to light is not likely to be large enough to distort the figures used in this study".

Eine Analyse dieser Liste zeigt allerdings, daß mehrere Einzelheiten korrekturbedürftig sind. Vor allem müssen mehrere Namen gestrichen werden: Nr. 48.72. existierten überhaupt nicht; die prätorische Laufbahn der Nrn. 5. 17. 39. 47. 51 ist nicht vollständig bekannt. Übrigens war Nr. 57 schon vor der Prätur Legionslegat (wie es vor 70 n. Chr. nicht selten der Fall war), seine Laufbahn ist deswegen kaum mit den anderen zu vergleichen. In anderen Fällen sind verschiedene Details entweder unerwähnt oder unrichtig kategorisiert. Deswegen scheint es nötig zu sein, Campbells Liste unten zu wiederholen, mit einigen Verbesserungen, die im Kommentar erklärt werden. Das Datum des Konsulats wird für jeden Mann hinter seinem Namen eingetragen, meistens nach G. Alföldy, Konsulat und Senatorenstand unter den Antoninen, Bonn 1977, bzw. P. M. M. Leunissen, Konsuln und Konsulare in der Zeit von Commodus bis Severus Alexander, Amsterdam 1989.

In der ersten Spalte werden die militärischen, in der zweiten die zivilen Posten angeführt. (Es sollte schließlich erwähnt werden, daß die Reihenfolge der Namen der Campbell'schen Liste beibehalten wird, obgleich einige sich nicht an der richtigen alphabetischen Stelle befinden, bes. Nr. 12.33.56.63.64).

Anschließend kommt eine zweite Liste von mehr als zwanzig weiteren konsularischen Statthaltern, deren prätorische Laufbahn vollständig bekannt ist, die Campbell übergeht. Erst nach Überprüfung der neuen Daten sind Schlußfolgerungen möglich.

Campells 73 Senatoren (Journ. Rom. Stud. 65, 1975, 28–31)

1. P. Aelius Hadrianus (108)	*leg. leg.*; Pann. inf.	–
2. L. Aemilius Carus (114?)	*leg. leg.*; Arabia	*curator viae*
3. L. Annius Honoratus (c. 220)	*leg. leg.*	*cur. viae; iurid.; praef. aer. mil.; cur. civ.*
4. C. Arrius Antoninus (173?)	–	*iurid., praef.-aer. Sat.; cur. civ.* (3)
5. T. Avidius Quietus (93)	*leg. leg.*	*procos. Achaiae*
6. C. Bruttius Praesens (118?)	*leg. leg.*	Cilicia; *cur. viae*
7. L. Burbuleius Opatus (135?)	*leg. leg.*	*cur. viae; cur. civ.* (3); *logistes; procos.* Siciliae; *praef. aer. Sat.*
8. T. Caesernius ... Statianus (141?)	*missus ad dilectum; leg. leg.; leg. III Aug.*	–
9. C. Caesonius Macer (c. 197/8)	*leg. leg.*	*leg.* Asiae; *cur. civ.* (3); *procos.* Achaiae; Lusitania
10. P. Calvisius Ruso (79?)	–	–
11. L. Catilius Severus (110)	*leg. leg.*	*leg.* Asiae; *praef. frum. dand.; cur. viae; praef. aer. mil; praef. aer. Sat.*
12. M. Macrinius Avitus (175?)	*(adlectus)*	*cur. civ.*
13. Ti. Claudius Candidus (c. 195/6)	–	*cur. civ.; leg.* Asiae; *logistes*
14. Ti. Claudius Claudianus (199)	*leg. leg.* (2); *praep. vex.;* Pann. inf.	–
15. M. Claudius Fronto (165?)	*leg. leg.* (2); *leg. Augg. pr. pr.; missus ad dilectum*	–
16. Claudius Gallus (203/4?)	*leg. leg. + praep. vex.; leg. III Aug.*	*cur. civ.*
17. Ti. Claudius Julianus (154)	*leg. leg.*	–

18.	P. Cluvius Maximus (143?)	*leg. leg.*	*praef. frum. dand.; leg.* Asiae; *leg.* Africae?; *procos.* Siciliae; *cur. viae.*
19.	P. Cornelius Anullinus (c. 174)	*leg. leg.;* Raetia	*leg. procos.; procos.* Baeticae
20.	C. Curtius Justus (150)	*leg. leg.;* Dacia sup.	*praef. frum. dand.; cur. viae; procos.*
21.	L. Dasumius Tullius Tuscus (152)	-	*praef. aer. Sat.*
22.	M. Didius Julianus (175)	*leg. leg.*	*leg. procos.* (2); Belgica
23.	L. Fabius Cilo (193)	*leg. leg.*	*procos.* Narb.; *praef. aer. mil;* Galatia; *cur.civ.*
24.	Q. Fuficius Cornutus (147)	*leg. leg.;* Pann. inf.	*iurid.*
25.	L. Funisulanus Vettonianus (78?)	*leg. leg.*	*cur. viae; cur. aq.; praef. aer. Sat.*
26.	Q. Glitius Agricola (97)	*leg. leg.*	*iurid.;* Belgica
27.	Q. Hedius Rufus cet. (c. 186)	*leg. leg.*	*cur. civ.*
28.	P. Helvius Pertinax (175)	*leg. leg.*	-
29.	L. Javolenus Priscus (86)	*leg. leg.; leg. III Aug.*	*iurid.*
30.	Cn. Julius Agricola (77?)	*missus ad dilectum; leg. leg.*	*elect. ad bona templ.;* Aquitania
31.	C. Julius Quadratus Bassus (105)	*leg. leg.;* Judaea	-
32.	C. Julius Castinus (212/213)	*leg. leg. + dux vex.;* Pann. inf.	*cur. civ.; cur. viae; iurid.; procos.* Cretae
33.	C. Vettius Sabinianus (175?)	*leg. leg.;* Pann. inf.; *praep. vex.*	*leg.* Asiae; *leg. ad ord. ...* Cycladum; *iurid; leg. rat. put.; praef. aer. Sat.*
34.	C. Antius A. Julius Quadratus (94)	-	*leg.* Bithyn.; *leg.* Asiae (2); *iurid.; procos.* Cretae; Lycia-Pamph.
35.	C. Julius Severus (138?)	*leg. leg.*	*leg.* Asiae; *procos.* Achaiae; Bithynia; *praef. aer. Sat.*
36.	Sex. Julius Severus (127)	*leg. leg.;* Dacia sup.	-
37.	Cn. Julius Verus (151?)	*leg. leg.*	*praef. aer. Sat.*
38.	C. Junius Faustinus (c. 204/5)	*leg. leg.*	*iurid.;* Lusitania; Belgica

39.	A. Lappius Maximus (86)	*leg. leg.*	*procos.* Bithyniae
40.	Q. Lollius Urbicus (c. 135)	*leg. leg.; leg. Aug. pr. pr.*	–
41.	L. Marius Maximus (198/9)	*leg. leg. + dux.*	*cur. viae; cur. civ.;* Belgica
42.	L. Marius Perpetuus (203?)	*leg. leg.;* Arabia	*cur. civ.* (2)
43.	P. Metilius Secundus (c. 123)	*leg. leg.; leg. III Aug.*	–
44.	L. Minicius Natalis (139)	*leg. leg.*	*praef. alim. + cur. viae*
45.	L. Minicius Natalis (106)	*leg. leg.; leg. III Aug.*	*leg.* Africa
46.	L. Neratius Marcellus (95)	–	–
47.	L. Neratius Priscus (97)	–	*praef. aer. Sat.*
48.	L. Neratius Priscus	Pann. inf.	–
49.	M. Nonius Macrinus (154)	*leg. leg.;* Pann. inf.	–
50.	Cn. Papirius Aelianus (136?)	*leg. leg.;* Dacia sup.	–
51.	Q. Petillius Cerialis (70)	*leg. leg.; dux.*	– (?)
52.	A. Platorius Nepos (119)	*leg. leg.*	*cur. viae;* Thracia
53.	Q. Pompeius Falco (108)	*leg. leg.;* Judaea	Lycia-Pamph.
54.	M. Pontius Laelianus (144)	*leg. leg.;* Pann. inf.	*cur. civ.*
55.	C. Popillius Carus Pedo (147)	*leg. leg.*	*cur. viae; praef. aer. Sat.*
56.	Q. Antistius Adventus (167?)	*leg. leg.* (2); Arabia	–
57.	C. Rutilius Gallicus (71?)	*leg. leg. (quaestorius)*	Galatia
58.	P. Salvius Julianus (148)	–	*praef. aer. mil; praef. aer. Sat.*
59.	M. Sedatius Severianus (153)	*leg. leg.;* Dacia sup.	*cur. viae*
60.	P. Septimius Geta (191?)	*leg. leg.*	*procos.* Siciliae; Lusitania; *cur. civ.*
61.	L. Septimius Severus (190)	*leg. leg.*	*iurid.;* Lugdunensis; *procos.* Siciliae
62.	M. Servilius Fabianus (158)	*leg. leg.*	*leg.* Asiae; *cur. viae; praef. aer. Sat.*
63.	P. Mummius Sisenna Rutilianus (146)	*leg. leg.*	*praef. aer. Sat.*
64.	Claudius Maximus (142?)	*leg. leg.;* Pann. inf.	*cur. viae; iurid.*

65.	M. Statius Priscus (159)	*leg. leg.;* Dacia sup.	-
66.	C. Suetrius Sabinus (214)	*leg. leg.; comes; praep. vex.;* Raetia	*leg.* Africae; *cur. civ.; cur. viae; iurid.*
67.	P. Tullius Varro (127)	*leg. leg.* (2)	*procos.* Baeticae; *praef. aer. Sat.*
68.	C. Valerius Festus (71)	*leg. III Aug.*	-
69.	Q. Venidius Rufus (197/8)	*leg. leg.;* Syria Phoen.	Cilicia
70.	T. Vitrasius Pollio (151?)	-	-
71.	Ignotus D. 1022	*leg. leg.*	Belgica
72.	Ignotus D. 1057	*leg. leg.*	*praef. aer. Sat.*
73.	Ignotus AE 1957, 161	-	*cur. civ.; cur. viae* (2); *iurid.* (2)

Kommentar

5. Muß gestrichen werden, weil seine Laufbahn nicht vollständig bekannt ist, vgl. Birley, Fasti R. Brit. 85ff.
7. Sein praenomen war L., nicht T., wie Campbell 28.
10. Ein sehr umstrittener Fall: vgl. R. Syme, ZPE 56, 1984, 173ff. = Roman Papers IV. 1988, 397ff.
17. Muß gestrichen werden, weil seine Laufbahn nicht vollständig bekannt ist, W. Eck, Die Statthalter der germanischen Provinzen, Köln-Bonn 1985, 175ff.
30. Versehentlich als Statthalter von Lugdunensis bezeichnet, Campbell 29, der übrigens seine Posten zwischen Prätur und Legionskommando unerwähnt läßt, Tac. Agr. 9,1–5 (Aquitania), 6,5 *(templa)*, 7,3 *(dilectus)*.
39. Muß gestrichen werden, weil seine Laufbahn nicht vollständig bekannt ist, Eck, Statthalter 149ff.
41. Campbell 29 übergeht seine Statthalterschaft in Belgica.
42. Seine *curae* hatte er möglicherweise nach dem Konsulat inne.
44. Er war gleichzeitig *cur.viae* und *praef.alim.*, Eck, Die staatliche Organisation Italiens in der hohen Kaiserzeit, München 1979, 166f., 183.
47. Muß gestrichen werden, weil seine vorkonsularische Laufbahn nicht vollständig bekannt ist; übrigens war nicht er, sondern sein gleichnamiger Vater *praef.aer.Sat.*, PIR^2 N 59–60.
48. Muß gestrichen werden, weil er nicht existiert hat, G. Camodeca, AAN 87, 1976, 19ff.
49. Sein Posten als *curator alvei Tiberis* war konsularisch, ist deswegen hier nicht relevant (anders Campbell 30).
51. Muß gestrichen werden, weil seine Laufbahn nicht vollständig bekannt ist, Eck, Statthalter 135f.
63. Sein Amt als *praefectus alimentorum* hatte er als Konsular inne (anders Campbell 30).
65. Nach Campbell 30 Legat von zwei Legionen, die XIII Gemina befehligte er allerdings in seiner Eigenschaft als Statthalter Dakiens.
69. Syria Phoenice wird von Campbell 30 versehentlich in der Kategorie von zivilen Posten gestellt, war aber eine Provinz mit einer Legion.
70. Nach Campbell 30 ‚*praef.alim.*', was sehr zweifelhaft ist (nur []*rum* ist in D. 1112 überliefert); übrigens könnte dieser Posten sehr wohl konsularisch gewesen sein; Eck, Organisation 184 A. 166.
72. Muß gestrichen werden, weil der „unbekannte" in D. 1057 tatsächlich Cn. Julius Verus (Nr. 37) ist, Eck 173f.

Weitere konsularische Statthalter, deren prätorische Laufbahn vollständig bekannt ist

I	M. Aemilius Papus (135?)	*leg. leg.*	*cur. viae; praef. aer. Sat.*	PIR² M 526
II	L. Antistius Rusticus (90)	*leg. leg.*	*cur. viae; procos.* Baeticae; *praef. aer. Sat.*	PIR² A 765
III	Q. Aradius Rufinus (c. 228?)	*leg. leg.*; Syria Phoenice	*praef. aer. mil.*; *praef. aer. Sat.*; Galatia	AE 1971, 490
IV	M. Cornelius Nigrinus (83)	*leg. leg.*	*prae[ ]libus emend.*; Aquitania	AE 1973, 283
V	T. Flavius Longinus (149?)	*leg. leg.*	Lugdunensis	PIR² F 305
VI	C. (?) Fulvius Maximus (unter Severus Alexander)	-	*leg.* Siciliae; *iurid.* (2); *cur. civ.* (2)	D. 1195, Eck, Statthalter 209f.
VII	(Iasdius) (vor 205/211?)	*leg. leg.*	*cur. civ.; praef. alim. + cur. viae.*; kaiserl. Prov.	PIR² I 10
VIII	C. Julius Avitus Alexianus (um 200)	*leg. leg.*; Raetia	-	PIR² J 192
IX	C. Julius Severus (155)	*leg. leg.*	*cur. viae.*	PIR² J 574
X	C. Memmius Fidus (191/2?)	*leg. leg.*; Noricum	*iurid.; procos.* Baeticae; *praef. Minic.; cur. viae*	PIR² M 462
XI	M. Nummius Umbrius (206)	-	-	PIR² N 238
XII	Q. Pomponius Rufus (95)	*leg. leg.*	*iurid.*; Dalmatia	IRT 537
XIII	T. Prifernius Paetus (146)	*leg. leg.*	Aquitania	AE 1972, 153
XIV	C. Septimius Severus (160?)	*leg. leg.*	*cur. viae.*; Lycia-Pamph.	ILAlg. I 1283
XV	T. Statilius Barbarus (198/9?)	*leg. leg.*	Thracia	AE 1967, 536 D. 1144, vgl. Eck, Statthalter 79f.
XVI	M. Ulpius Traianus (91)	*leg. leg.*	-	PIR¹ V 575
XVII	L. Valerius Propinquus (126)	*leg. leg.*	A[quitania]	RIT 140
XVIII	L. Venuleius Apronianus (145?)	*leg. leg.*	-	CIL XI 1432f.

XIX	Sex. Vettulenus Cerialis (73?)	*leg. leg.*; Judaea	-	RE Suppl. 14, 1874ff.
XX	Ignotus CIL VI 1546	*leg. leg.*	kaiserliche Provinz	
	(allgemein als konsularischer Statthalter einer der germanischen Provinzen und einer weiteren konsularischen Provinz betrachtet; anders Alföldy. Konsulat 361ff., vgl. Eck, Statthalter 237)			
XXI	Ignotus CIL XII 3169	*leg. leg.*	kaiserliche Provinz	
	(ergänzt wie Syme, Danubian Papers, 1971, 162: "The fragment can be supplemented without discomfort to show him legionary legate... and then governor of a praetorian province").			

Ferner könnte man folgende Senatoren hinzufügen, die als Prätorier offenbar nur ein einziges Amt, das Legionskommando, innehatten:

XXII	C. Avidius Cassius	Syme, Roman Papers V, 1988, 689ff.
XXIII	P. Martius Verus	PIR² M 348

Nach Campbell 12 hatten nur 9 (12%) seiner 73 Senatoren eine prätorische Laufbahn, welche nur die Posten eines Legionslegaten und eines prätorischen Statthalters (in einer kaiserlichen Provinz) enthielt: seine

Nr.
1. P. Aelius Hadrianus
8. T. Caesernius Statianus
30. Cn. Julius Agricola
31. C. Julius Quadratus Bassus
36. Sex. Julius Severus
40. Q. Lollius Urbicus
43. P. Metilius Secundus
50. Cn. Papirius Aelianus
71. Ignotus D. 1022.

Wie schon oben erwähnt, hatte Nr. 30 in der Tat zwischen seiner Prätur und seinem Legionskommando zwei Sonderämter inne. Ferner hat Campbell sich offenbar erlaubt, das Amt des Caesernius Statianus (Nr. 8) als *dilectator* zu übergehen (es sollte erwähnt werden, daß Statianus möglicherweise vor der Prätur als *dilectator* tätig war: in seiner Inschrift D. 1068 wird die Prätur versehentlich nicht erwähnt, vgl. G. Alföldy, Konsulat und Senatorenstand, 1977, 349f., der es für möglich hielt, daß Statianus *dilectator* vor der Prätur war). Es wurde oben angezeigt, daß zwei weitere Senatoren aus den 73 eine ähnliche Laufbahn hatten:

49. M. Nonius Macrinus
65. M. Statius Priscus

In der zweiten Liste kann man weitere acht Senatoren mit ähnlicher Laufbahn identifizieren:

V. T. Flavius Longinus
VIII. C. Julius Avitus Alexianus

Im Falle Nr. VIII könnte man einwenden, daß er konsularischer Statthalter einer Provinz ohne Legion - Dalmatien - war und deswegen nicht in Betracht kommen sollte. Aber Dalmatien darf, da es früher sogar eine zwei Legionen-Provinz war, m. E. noch gezählt werden. Er war auch *comes* der Kaiser während des Britannienfeldzuges (und des Caracalla im Osten). Zur Laufbahn: H. Halfmann, Chiron 12, 1982, 217ff.

XIII. T. Prifernius Paetus
XV. T. Statilius Barbarus
XVII. L. Valerius Propinquus
XIX. Sex. Vettulenus Cerialis
XX. Ignotus CIL VI 1546
XXI. Ignotus CIL XII 3169.

Im übrigen darf man einige Senatoren, die mehr als eine Legion befehligten, mit einer gewissen Berechtigung als *viri militares* betrachten:

14. Ti. Claudius Claudianus
15. M. Claudius Fronto
56. Q. Antistius Adventus

I. Piso, Epigraphica. Travaux dédiés au VIIe Congrès d'épigraphie, Bukarest 1977, 167ff., konnte das „doppelte" Legionskommando des Claudianus, Nr. 14, befriedigend als *leg. leg. V Mac., praepos. vexill. Dac.* erklären.

Campbell hat sich ziemlich streng auf eine Statthalterschaft in einer kaiserlichen Provinz beschränkt, als er seine Kriterien nach Syme, Journ. Rom. Stud. 47, 1957, 134f., gestellt hat. Nun hat Syme selbst öfter Ämter wie die Ärarpräfektur als gleichwertig wie die einer Statthalterschaft bezeichnet, vgl. Syme, Roman Papers IV 320. Akzeptiert man diese Berichtigung, kann man folgende Senatoren in Betracht ziehen:

37. Cn. Julius Verus (*leg. leg.; praef. aer. Sat.*)
44. L. Minicius Natalis *(leg. leg.; praef. alim. + cur. viae)*
63. P. Mummius Sisenna Rutilianus (*leg. leg.; praef. aer. Sat.*)
VII. (Iasdius) (*leg. leg.; praef. alim. + cur. viae* – falls seine *cur. civ.* nach seinem Konsulat datiert werden kann)
IX. C. Julius Severus *(leg. leg.; cur. viae)*

Folgende Senatoren hatten offensichtlich eine sehr kurze Laufbahn zwischen Prätur bzw. *adlectio* und Konsulat:

12. M. Macrinius Avitus (nur *cur. civ.*)
21. L. Dasumius Tullius Tuscus (nur *praef. aer. Sat.* - falls ein Legionskommando nicht versehentlich in seiner Laufbahn-Inschrift unerwähnt war, D. 1081, vgl. Syme, Roman Papers IV 32f.)
28. P. Helvius Pertinax (nur *leg. leg.*)
XXII. C. Avidius Cassius (nur *leg. leg.*)
XXIII. P. Martius Verus (nur *leg. leg.*)

Man könnte theoretisch auch folgende in Betracht ziehen:

27. Q. Hedius Rufus (*leg. leg.; cur. civ.* - falls er noch Prätorier war)
XVI. M. Ulpius Traianus (nur *leg. leg.*)
XVIII. L. Venuleius Apronianus (nur *leg. leg.*)

Diese Männer waren aber alle drei Patrizier, die als solche überhaupt nicht in diese Untersuchung gehören: Sie agierten nur in außergewöhnlichen Fällen als konsularische Statthalter und hätten ohnehin mehr oder weniger automatisch Anspruch auf eine sehr kurze Laufbahn zwischen Prätur und Konsulat gehabt. Aus diesen Gründen allein sollte man sämtliche Patrizier, die diesen Rang seit ihrer Jugend innehatten, aus den beiden Listen streichen:

10. P. Calvisius Ruso
46. L. Neratius Marcellus
XI. M. Nummius Umbrius
XVI. M. Ulpius Traianus
XVIII. L. Venuleius Apronianus

Wenn man nun eine statistische Bilanz zieht, hat man es mit einer Liste von 81 Senatoren zu tun:

Campbells 75, ohne Nr. 5. 10. 17. 27. 39. 46. 47. 48. 51. 57. 70. 72 = 61
23 in der zweiten Liste, ohne Nr. XI. XVI. XVIII. = 20

Von diesen 81 Senatoren hatten die folgenden 30 eine „schnelle" prätorische Laufbahn mit Legionskommando und einem weiteren Amt bzw. nur mit Legionskommando:

Nr. 1. 8. 14. 15. 28. 30. 31. 36. 37. 40. 42. (angenommen, daß seine *curae civ.* konsularisch waren) 43. 49. 50. 56. 63. 65. 71. V. VII. VIII. IX. XIII. XV. XVII. XIX. XX. XXI. XXII. XXIII.

Das heißt, statt Campbells 12% (9 von 73) sind es eher 37% der konsularischen Statthalter, deren Laufbahn vollständig bekannt ist und die nach Symes Kriterium als *viri militares* betrachtet werden können.

Wenn man darüber hinaus diejenigen Senatoren betrachtet, die nach dem Legionskommando nur noch zwei prätorische Ämter innehatten (in manchen Fällen eines davon nur für ein Jahr), wird die Zahl der „schnellen" prätorischen Laufbahnen noch größer:

2. L. Aemilius Carus (*leg. leg.;* Arabia; *cur. viae*)
6. C. Bruttius Praesens (*leg. leg.;* Cilicia; *cur. viae*)
24. Q. Fuficius Cornutus (*leg. leg.;* Pann. inf.; *iurid.*)
26. Q. Glitius Agricola (*leg. leg.;* Belgica; *iurid.*)
29. L. Javolenus Priscus (*leg. leg.;* III Aug.; *iurid.*)
45. L. Minicius Natalis (*leg. leg.;* III Aug.; *leg* Africae)
52. A. Platorius Nepos (*leg. leg.;* Thracia; *cur. viae*)
54. M. Pontius Laelianus (*leg. leg.;* Pann. inf.; *cur. civ.*)
59. M. Sedatius Severianus (*leg. leg.;* Dacia sup.; *cur. viae*)
67. P. Tullius Varro (*leg. leg.* (2); *procos.* Baeticae; *praef. aer. Sat.*)
69. Q. Venidius Rufus (*leg. leg.;* Cilicia; Syria Phoen.)

I. M. Aemilius Papus (*leg. leg.; cur. viae; praef. aer. Sat.*)
IV. M. Cornelius Nigrinus (*leg. leg.;* Aquitania; *prae[]libus emendandis*)
XII. Q. Pomponius Rufus (*leg. leg.; iurid.;* Dalmatia)
XIV. C. Septimius Severus (*leg. leg.;* Lycia-Pamph.; *cur. viae)*

Nr. 12, M. Macrinius Avitus, obwohl nicht Legionslegat, war vor seiner *adlectio* ritterlicher Offizier, nach seiner *adlectio* hatte er nur ein prätorisches Amt als *cur. civ.* inne.

Nr. 21, L. Dasumius Tullius Tuscus, der anscheinend nur das Amt eines *praefectus aer. Sat.* zwischen Prätur und Konsulat innehatte, dürfte doch Legionslegat gewesen sein. Nr. 55, C. Popillius Carus Pedo, war zwar nicht Legionslegat, wurde aber zum Legaten der Legion X Fretensis ernannt, *„a cuius cura se excusavit"*, wohl aus gesundheitlichen Gründen (D. 1071); danach war er *cur. viae* und *praef. aer. Sat.*

Es wäre bestimmt riskant, alle diese 18 weiteren prätorischen Laufbahnen ohne weiteres als wirklich schnell zu bezeichnen. Nr. XII; Q. Pomponius Rufus, z. B. war nachweislich längere Zeit ohne Beschäftigung, s. R. Syme, Roman Papers IV 143f.

Nr. 36, Sex. Julius Severus, der auch nach Campbells eigenen Kriterien einwandfrei als *„vir militaris"* betrachtet wurde, war mehr als sechs Jahre Statthalter Oberdakiens, ist also möglicherweise erst zehn Jahre nach der Prätur Konsul geworden.

Trotzdem hat diese erneute Überprüfung zeigen können, daß mehr als die Hälfte (30 + 18) der 81 konsularischen Statthalter, deren prätorische Laufbahn vollständig bekannt ist, das Konsulat nach einem Legionskommando und nicht mehr als zwei weiteren Ämtern erreichte.

Anhang 2:

Das Amt *ab epistulis* und dessen Inhaber

Die kaiserliche Kanzlei und ihre Chefs sind nicht selten untersucht worden. Von den älteren Abhandlungen sollen folgende erwähnt werden: O. Hirschfeld, Die kaiserlichen Verwaltungsbeamten bis auf Diokletian, Berlin ²1905; M. I. Rostowzew, ab epistulis, RE VI.1, 1907, Sp. 210–215.

Von den neueren Untersuchungen müssen vor allem die beiden großen Werke H.-G. Pflaums hervorgehoben werden: Les procurateurs équestres sous le haut-empire rômain, Paris 1950 und Les carrières procuratoriennes équestres sous le haut-empire romain, ebda. 1960 [1961]. Selbstverständlich findet man im zweiten Werk nicht nur ausführliche Details über die einzelnen Inhaber des Amtes, sondern auch eine Reihe von wichtigen Beobachtungen. Aber es fehlt in beiden Werken eine systematische Darstellung der Rolle des Kanzleichefs.

G.B. Townend, The post of ab epistulis in the second century, Historia 10, 1961, 375–381, bemüht sich hauptsächlich um die Frage der Teilung des Amtes. Wie schon Pflaum, Carrières, S. 246, 271, 338, 372, 683f., 1004, unterstreicht G. W. Bowersock, Greek Sophists in the Roman Empire, Oxford 1969, 50–56, die literarische Fähigkeit der Sekretäre, besonders der *ab epistulis Graecis:* „In the second and early third centuries the office ... is found to have been monopolized by eastern Greek sophists and rhetors" (S. 50). Vgl. schon Pflaum, Carrières, 246: „pour occuper la direction de ce secrétariat l'empereur faisait appel aux plus grands lettrés de l'époque". Einen ähnlichen Standpunkt vertritt F. Millar, The Emperor in the Roman World, London 1977, bes. 87ff. Dieses Werk behandelt die Rolle des *ab epistulis* auch S. 75f., 85–93, 213–228. Unabhängig voneinander haben seitdem N. Lewis, Literati in the service of Roman emperors: politics before culture, in: L. Casson u. M. Price, Hgg., Coins, Culture, and History in the Ancient World, Studies ... B. L. Trell, Detroit 1981, 149–166 und E. L. Bowie, The importance of sophists, Yale Class. Stud. 27, 1982, 29–59, zeigen können, daß die oben skizzierte Beurteilung übertrieben ist. Lewis schreibt (S. 154): „The argument that only literati or scholars were appointed to the office of ab epistulis simply begs the question ... The office ... is not by itself sufficient warrant for imputing to its holder any literary or rhetorical or scholarly distinction".

Obwohl Pflaum sämtliche ihm bekannte Inhaber des Amtes in seinen Carrières registrierte, mit Nachträgen in dem Supplément, Paris 1982, scheint es hier nützlich zu sein, eine neue Liste zusammen mit einer knappen Analyse ihrer Laufbahnen zu erstellen, zumal zwei *ab epistulis* (Nr. A. 6, C. 6) in keinem der oben genannten Werke berücksichtigt werden konnten.

Während die meisten Historiker, die sich mit den *ab epistulis* beschäftigt haben, die literarische „Herkunft" und die literarische Tätigkeit der *ab epistulis* betont haben, hat Eric Birley wiederholt die militärische Rolle des Kanzleichefs unterstrichen. Meistens erwähnt er seine Beschäftigung mit der Beförderung ritterlicher Offiziere. Ich zitiere einige Beispiele, um seine Position zu veranschaulichen, aus Eric Birley, The Roman Army. Papers 1929–1986, Amsterdam 1988: „the emperor's secretary ab epistulis, who was, in effect, in his military capacity, Adjutant General and Military Secretary" (S. 105, ursprünglich 1957 erschienen); „responsible for all military appointments" (S. 154; ursprünglich 1949; vgl. S. 160, 162, 207, 304, 383). Aber er hat den „Roman Military Secretary" auch für die Beförderung der Senatoren zuständig gehalten (S. 76; ursprünglich 1953). Er hat vor kurzem seine Meinung klar geschildert: „Was die Heeresleitung betrifft, war der oberste Befehlshaber der Kaiser selbst, auch wenn er (wie beispielsweise Antoninus Pius) gar keine militärische Erfahrung besaß. Offenbar war es der rangälteste Ritter, der *praefectus praetorio,* der dem Kaiser in allen militärischen Angelegenheiten als erster Berater zur Verfügung stand ... Durch den Prätorianerpräfekten, der in Wirklichkeit Chef des Generalstabes war, konnten sämtliche militärischen Fragen bearbeitet oder Richtlinien für die Bearbeitung gegeben werden ... Ich habe mich gefragt, wer unter dem Prätorianerpräfekten als Chef des Heerespersonalamtes dienen konnte, und es wurde mir klar, daß es der Sekretär des Kaisers, der *ab epistulis,* sein mußte. Nur mit seiner Hilfe war der Herrscher in der Lage, die erforderlichen vertraulichen Berichte systematisch und auch hinreichend auszuwerten, bevor er die besten Leute für die wichtigsten Kommandostellen auswählen konnte. Es ist jedenfalls sicher, daß die Besetzung von Stellen zumindest in der *militia equestris* zum Arbeitsgebiet des *ab epistulis* gehörte, obgleich die Ernennung der Offiziere nur im Auftrag des Kaisers vollzogen wurde". (E. Birley, Überlegungen zur Geschichte des römischen Heeres, Heidelberg 1987, 3 f.).

Die Grundlage für diese Einschätzung des Kanzleichefs ist vor allem das Gedicht des flavischen Dichters Statius, Silvae 5, 1, in dem er die Dienste des letzten freigelassenen *ab epistulis,* Abascantus, verherrlicht (zitiert Roman Army Papers 154, 207):

ille (sc. Domitian*) subactis*
molem immensam umeris et vix tractabile pondus
imposuit – nec enim numerosior altera sacra
cura domo –, magnum late dimittere in orbem
Romulei mandata ducis viresque modosque
imperii tractare manu; quid laurus ab arcto,

quid vagus Euphrates, quid ripa binominis Histri,
quid Rheni vexilla ferant, quantum ultimus orbis
cesserit et refugo circumsona gurgite Thyle –
omnia nam laetas pila attollentia frondes,
nullaque famosa signatur lancea penna –
praeterea, fidos dominus si dividat enses,
pandere quis centum valeat frenare, maniplos
inter missus eques, quid praecepisse cohorti,
quem deceat clari praestantior ordo tribuni,
quisnam frenigerae signum dare dignior alae;
mille etiam praenosse vices, an merserit agros
Nilus, an imbrifero Libye sudaverit austro.

„Er hat auf deine Schultern eine unermeßliche Bürde, ein kaum tragbares Gewicht gelegt – kein Amt im heiligen Palast hat zahlreichere Verpflichtungen: Für die große Welt die Instruktionen des römischen Kaisers anzufertigen, die Streitkräfte des Reiches in seiner ganzen Ausdehnung zu verwalten, (zu erfahren,) welche Siegesnachricht vom Norden kommt, was der wandernde Euphrat, was das Ufer der zweinamigen Donau, was die Fahnen des Rheins berichten, in welchem Maße sich das Ende der Welt und Thule mit seiner ringsum ertönenden Ebbe und Flut ergeben haben (jeder Speer erhebt ja erfreuliche Laubkränze, keine Lanze wird mit der berüchtigten Feder gekennzeichnet); außerdem, wenn der Herr die treuen Schwerter verteilt, bekanntzumachen, wer geeignet ist, eine Zenturie zu befehligen, welcher Ritter, in die Manipeln entsandt, eine Kohorte leiten soll, wer dem vorzüglicheren Rang eines ehrwürdigen Tribuns gewachsen ist, wer angemessener, das Kommando eines Reiterregimentes zu übernehmen; im übrigen tausende Wechselfälle vorherzusehen, ob der Nil die Äcker überschwemmt hat, ob Libyien vom südlichen Regen durchnäßt ist".

Außerdem zitiert Eric Birley die Stelle in Suetons Vita Vespasiani 4,1: „*Claudio principe Narcissi gratia legatus legionis in Germaniam missus est*". Der mächtigste unter den claudischen Freigelassenen, Narcissus, war ebenfalls *ab epistulis*. Obwohl Statius nur die Verteilung der Offizierspatente an Zenturionen und ritterliche Offiziere erwähnt, sieht es aus, als ob Narcissus auch die Ernennung senatorischer Befehlshaber beeinflußt hat. Allerdings könnte man, wie etwa R. P. Saller, Personal Patronage under the Early Empire, Cambridge 1982, 105f., dagegen einwenden. Narcissus habe nicht in seiner Eigenschaft als Kanzleichef, sondern lediglich kraft seiner „personal proximity to the emperor" – wie sonst andere Favoriten – agiert.

Um eine solche Kritik zu überprüfen, muß man eine Reihe von anderen literarischen Quellen in Betracht ziehen, die entweder eine spezifisch militärische

Beschäftigung oder deren besonderen Einfluß auf die kaiserliche Politik beweisen. Was Narcissus betrifft, so ist es merkwürdig, daß er an dem größten militärischen Unternehmen des Claudius beteiligt war. Als nach Dio 60, 19,2 die Soldaten im Invasionslager an der gallischen Küste meuterten, schickte Claudius den Narcissus, um sie zu überreden (schon das Eintreffen eines ehemaligen Skalven genügte; die Meuterer haben Narcissus durch ihre Spottrufe an seine unfreie Abkunft erinnert und zum Abzug genötigt – anschließend aber ihrem Feldherrn gehorcht). In einem zweiten Notfall, im Jahr 48 n. Chr., hat Claudius anläßlich der Messalina-Krise dem Narcissus für einen Tag das Kommando über die Truppen in Rom übertragen („*ius militum*", Tacitus Ann. 11, 33, vgl. Zonaras 11,9). Im übrigen berichtet Sueton, daß „am höchsten unter allen (sc. Freigelassenen) standen in der kaiserlichen Gunst Narcissus, sein Kanzleichef, und Pallas, Verwalter seiner Finanzen ... In der Hörigkeit dieser Menschen und seiner Frauen spielte Claudius eigentlich nicht die Rolle eines Fürsten, vielmehr die eines Dieners. Wie es dem Interesse jeder dieser Personen oder auch ihrer Neigung und Laune entsprach, erteilte er Ehrenstellen, militärische Kommandos usw." (Sueton, D. Claud. 28. 29.1, vgl. Dio 60,17,8). Zugegeben, nicht nur Narcissus, sondern auch die übrigen Freigelassenen hatten damals eine so mächtige Position.

Es ist nicht bekannt, wer der Nachfolger des Narcissus als Kanzleichef war – zwischen ihm und Abascantus kennen wir nur einen Freigelassenen in diesem Amt, Beryllus, der unter Nero *ab epistulis Graecis* war. Von ihm konnte die griechische Partei in Caesarea ein Schreiben des Nero erwirken, wonach den Juden die bürgerliche Gleichstellung mit den Griechen wieder abgesprochen wurde (Josephus, Ant. Jud. 20, 183 f.). Aber man sollte den Freigelassenen Polyclitus nicht vergessen, der im Jahr 61 n. Chr. nach Britannien entsandt wurde, um in dem Streit zwischen dem Statthalter und dem Prokurator zu vermitteln. Nach Tacitus hat Polyclitus „auch unseren Soldaten Schrecken eingejagt ... die Barbaren wunderten sich, daß ein Feldherr und ein Heer, die einen so schweren Krieg zu Ende geführt hatten, einem Sklaven gehorchten". Dem Bericht des Polyclitus zufolge wurde nun der Statthalter bald darauf seines Amtes enthoben (Tacitus, Ann. 14, 39; für den Hinweis auf diese Episode danke ich meinem Freund Lukas de Blois, Nijmegen). Zwar weiß man nicht, welches Amt Polyclitus innehatte, aber es ist jedenfalls möglich, daß er der Kanzleichef war.

Ein zweites Mal kam ein Freigelassener des Kaisers nach Britannien, um den Rücktritt eines Statthalters zu vollziehen, nämlich des Julius Agricola, den Kaiser Domitian fürchtete. „Er ließ daher die Vermutung verbreiten, Syrien sei als Provinz für Agricola bestimmt, welches ... bedeutenderen Männern vorbehalten war. Gar viele sind der Überzeugung gewesen, ein Freigelassener aus der Zahl der vertrauteren Diener sei an Agricola gesandt worden und habe das Handschreiben *(codicillos)*, worin ihm Syrien übertragen wurde, bei sich geführt, mit der Weisung, wenn Agricola noch in Britannien wäre, es ihm einzuhändigen – inzwischen hatte Agricola aber die Provinz seinem Nachfolger in völliger Ruhe und Sicherheit übergeben". (Tacitus, Agr. 40, 1–3). Da codicilli erwähnt werden, handelte es sich offensichtlich um das Amt des *ab epistulis*, vgl. D. 8826: *πρεσβεύσα[ν]τα ἐν Ἀσίαι ἐξ ἐπιστολῆς [κ(αὶ)] κωδικίλλων θεοῦ Ἁδριαν [οῦ]*. Es war wohl ein Untergebener des Kanzleichefs, der diesen Ernennungsbrief nach Britannien getragen hat.

T. Flavius Abascantus (sein voller Name ist durch zwei Inschriften bekannt, CIL VI 8598–9) war offenbar in den letzten Jahren Domitians im Amt, da das 5. Buch der Silvae des Statius frühestens im Jahr 95 n. Chr. veröffentlicht wurde: schon im 4. Buch hatte Statius das 17. Konsulat Domitians in diesem Jahr gefeiert. Aber vor dem Tode Domitians hatte ein römischer Ritter, Cn. Octavius Titinius Capito, seinen Dienst als Kanzleichef begonnen. Ob Abascantus entlassen wurde oder in der Kanzlei als Stellvertreter des Capito blieb, ist nicht sicher. Es ist möglich, daß er das Amt *a cognitionibus* übernahm: ein T. Flavius Aug. lib. Abascantus *a cognitionibus* wurde von seiner Frau Flavia Hesperis beerdigt – in diesem Fall hat der ehemalige Kanzleichef, der als Witwer von Statius angeredet wurde, ein zweites Mal geheiratet (D. 1679; nach Dessau ad loc. *„diversus ab eo ... quem celebravit Statius"*).

Capito ist nicht nur aus seiner *cursus*-Inschrift (bes. D. 1448), sondern durch drei Briefe des jüngeren Plinius bekannt. In Ep. 5,8, den Plinius an Capito selbst schrieb, erfahren wir, daß er dem Plinius geraten hatte, Geschichte zu schreiben. Ep. 1,17 lobt Capito, daß er vom Kaiser die Erlaubnis erhalten hatte, ein Standbild eines berühmten Opfers der neronischen Zeit auf dem Forum zu errichten. Erst im Brief 8,12 erfahren wir etwas Näheres. „Titinius Capito hält eine Vorlesung, und ich weiß nicht, was bei mir überwiegt, die Verpflichtung oder der Wunsch, ihn zu hören. Er ist ein trefflicher Mann, der zu den Hauptzierden unseres Zeitalters zählt, er ehrt die Studien, liebt die, die sich ihnen widmen, begünstigt und fördert sie". Am Ende des Briefes wird erwähnt, daß Capito „über das Ende berühmter Männer schreibt, darunter einige, die mir besonders beliebt sind". Wichtig für die jetzige Untersuchung ist, daß Capito *„studiosos amat, fovet, provehit"*. G. Alföldy hat m. E. richtig diese Stelle als Beweis für den Einfluß des *ab epistulis* auf Beförderungen gedeutet, BJbb. 169, 1969, 235 mit A. 9 (jetzt: ders., Römische Heeresgeschichte. Beiträge 1962–1985, Amsterdam 1987,5). Zugegeben, Capito war offenbar, nach seiner Inschrift, spätestens 102 (Trajan war noch nicht Dacicus) nicht mehr *ab epistulis*, sondern *praefectus vigilum;* und ein Brief im 8. Buch des Plinius, so würde man jedenfalls annehmen, sollte um die Jahre 105–107 geschrieben worden sein. Es könnte aber wesentlich früher gewesen sein: „Running short of material, the author also had recourse to earlier pieces ... That being so, most of Books VIII and IX defies close datings" (R. Syme, Roman Papers V, 1988, 479).

Erst in der Zeit siebzig Jahre nach Titinius Capito findet man die militärische Beschäftigung eines *ab epistulis* wieder in einer literarischen Quelle erwähnt. Während der Markomannenkriege, wahrscheinlich im Jahr 171 oder 172 n. Chr., hatte der *ab epistulis Latinis* Taruttienus Paternus sogar ein militärisches Sonderkommando inne. „Die Kotiner", ein Stamm jenseits der Donau, „die sich zu ähnlichen Leistungen bereit erklärt hatten und unter der Führung des Tarrutenius (sic) Paternus, des kaiserlichen Sekretär, der für den lateinischen Schriftverkehr zuständig war, gegen die Markomannen ziehen sollten, unternahmen nicht nur diesen Feldzug nicht, sondern spielten auch noch dem Paternus sehr übel mit, weswegen sie später selbst vernichtet wurden". (Dio 71,12,3). Nun wurde derselbe Paternus, der übrigens Spezialist für Militärrecht war, Ende der 170er Jahre Prätorianerpräfekt; in dieser Eigenschaft hat er einen großen Sieg errungen (Dio 71, 33, 3–4[1]).

Im Jahr 182, zwei Jahre nach dem Regierungsantritt des Commodus, wurde Paternus seines Amtes enthoben, zunächst zum Senator befördert, aber kurz darauf hochverräterischer Umtriebe beschuldigt und hingerichtet. Merkwürdigerweise hat sein enger Vertrauter Vitruvius Secundus, *„qui epistolas imperatorias curarat"*, das Schicksal des Paternus geteilt. Secundus war der einzige der in diesem Zusammenhang namentlich Genannten, der nicht hochrangiger Senator war (HA Comm. 4,7ff.) – was vielleicht ein Zeichen für die Wichtigkeit der kaiserlichen Kanzlei ist.

Als letzten Beweis für eine Beziehung des Kanzleichefs zum Militär schildert Dio (78, 13, 4) einen Mann namens Marcius Claudius Agrippa, der Sekretär um das Jahr 215 n. Chr. war. Er wurde entlassen, weil er „Offizierspatente an unreife Knaben verteilt hatte" (Dio 78, 13, 4). Gerade diesen Teil der Tätigkeit (wenn auch in seinem Fall nicht vorschriftsmäßig durchgeführt) hebt Statius auch für Abascantus hervor, eine Tätigkeit, die implizit auch für Titinius Capito gefolgert werden kann.

Schließlich sollte als Beweis für die hohe Verantwortlichkeit des Kanzleichefs als wichtiges „Regierungsmitglied" eine Stelle aus dem lexikalischen Werk über attische Wörter und Namen zitiert werden, das sein Verfasser Phrynichos dem Sekretär Cornelianus (wohl Sulpicius Cornelianus, C. 10) widmete. Nach der Meinung des Phrynichos hatten die Kaiser (Mark Aurel und Commodus) den Cornelianus „als würdig befunden, die höchsten Stellen zu übernehmen: sie haben dich zum Minister für sämtliche griechische Angelegenheiten ernannt, sie haben dich an ihre Seite als Wächter gestellt, sie haben dich zwar (nur) als Sekretär bezeichnet, in der Tat aber haben sie dich als Teilhaber ihrer Herrschaft gewählt" (Phrynichos S. 379 Lobeck). Diese Einschätzung der Rolle des *ab epistulis Graecis* ist wohl etwas übertrieben. Townend meint, daß Phrynichos schreibt „in language which seems to go beyond the limits of normal flattery" (Historia 10, 1961, 377). Jedenfalls dürfen wir folgern, daß Cornelianus etwas mehr Verantwortlichkeit hatte, als lediglich den griechischen Stil der Kaiser zu verfeinern.

Was die Arbeitslast des *ab epistulis* ansonsten anbelangt, so umfaßte sie wohl alles, was man von einem Kanzleichef erwarten konnte, insbesondere die Ausfertigung und Aufbewahrung der kaiserlichen *commentarii*. Schon H. Peter, Die Geschichtliche Literatur über die römische Kaiserzeit, I, Leipzig 1897, 231, hat dies angenommen: „Da ferner die Commentarii des Kaisers hauptsächlich den Geschäftsbereich des Hofamtes *ab epistulis* bildeten und die Beneficia zu diesem gehörten, liegt es nahe, das Archiv mit dem genannten wichtigen Amt in Verbindung zu setzen". Zwar findet man in den verschiedenen Darstellungen über die *commentarii* bzw. das Archiv, die seitdem erschienen sind, keine so ausdrückliche Äußerung (vgl. etwa A. v. Premerstein, art. Commentarii, RE 4.1, 1900, Sp. 726 ff., bes. 735 ff.; F. Millar, The Emperor in the Roman World, 1977, 259 ff.; L. de Coninck, Suetonius en de Archivalia, Brüssel 1983, 58 ff.). Es ist aber m. E. bezeichnend, was implizit darüber im Sammelband Heer und Integrationspolitik, Hrsg. W. Eck und H. Wolff, Wien 1986, geschrieben wird. Vor allem G. Alföldy („Die Truppenkommandeure in den Militärdiplomen") befaßt sich mit der Frage, „welche Zentralbehörde in Rom die Meldungen aus den Provinzen sammelte, die *tabulae aeneae* als Vorlage für die Militärdiplome erstellen ließ und für die Anfertigung der Diplome Sorge trug" (ebda S. 396 A. 21; auch in seiner Römischen Heeresgeschichte, 1987, S. 98 A. 21). Nicht von ungefähr schreibt M. Clauss in diesem Zusammenhang in seiner Rezension dieses Werkes zunächst „die zuständige Zentrale in Rom", bald „die kaiserliche Kanzlei" (Journ. Rom. Archaeol. 1, 1988, 183). Mit anderen Worten: Der Kanzleichef des römischen Kaisers war vermutlich für die Ordnung und Aufbewahrung der kaiserlichen Urkunden verantwortlich. Unter den vielen Meldungen aus den Provinzen – Briefen und Berichten der Statthalter und Prokuratoren usw. –, die wohl täglich nach Rom strömten, bildeten ohne Zweifel militärische Nachrichten, z. B. Listen der Truppenverbände, der Mannschaften und der Kommandeure, einen nicht unbeträchtlichen Anteil. Der römische Kaiser war ein absoluter Herrscher; aber im Grunde genommen war er vor allem der oberste Befehlshaber, der Imperator. Das hatte zur Folge, daß auch sein Kanzleichef eine nicht geringe Rolle in allen militärischen Angelegenheiten erlangen mußte. (Da die Amtssprache, vor allem im Heerwesen, Latein war, ist es nicht unwahrscheinlich, daß nach der Trennung des Amtes der griechische Sekretär hauptsächlich mit rein zivilen Angelegenheiten beschäftigt war; vgl. schon die Titel von Nr. C. 1 und C. 3, die offenbar für die Beziehungen mit den Botschaften aus den griechischen Gemeinden zuständig waren.)

Um einige Klarheit über die Rolle des Kanzleichefs zu gewinnen, kann man nicht nur die spärlichen literarischen Quellen heranziehen, sondern muß auch die Zeugnisse für die Laufbahnen dieser Männer verwenden. Zu diesem Zweck ist es nötig, Listen der Inhaber zu erstellen. Die Freigelassenen, deren wichtigste Vertreter schon oben besprochen wurden, werden nicht angeführt. Im übrigen sollte man den Sonderfall Julius Secundus erwähnen, einen römischen Ritter aus Gallien, der unter Otho im Jahr 69 n.Chr. *ab epistulis* war, Plutarch, Otho 9, vgl. PIR[2] J 558.

Die *ab epistulis* vom Ende des 1. bis zum 3. Jahrhundert
A: *Ab epistulis* (ungeteilt)

	Daten	Namen	Belege	Pflaum
1.	96–98+	Cn. Octavius Titinius Capito	D. 1448	Nr. 60
2.	-122	C. Suetonius Tranquillus	HA Hadr. 11, 3; AE 1953, 73	Nr. 96
3.	Hadr.	L. Julius Vestinus	IGR I 136	Nr. 105
4.	Hadr.	C. Avidius Heliodorus	Dio 69, 3,5	Nr. 106
5.	Hadr./- Ant. Pius	Caninius Celer	Philostr., v. soph. 1,22,3	S. 1021
6.	Ant. Pius	Sex. Cornelius Repentinus	AE 1980, 235	-
7.	-161+	Sex. Caecilius Crescens Volusianus	D. 1141	Nr. 142
8.	M. Aurel & L. Verus	T. Varius Clemens	D. 1362b	Nr. 156
9.	182	Vitruvius Secundus	HA Comm. 4,8	S. 1021
10.	um 215	Marcius Claudius Agrippa	Dio 78,13,3f.	Nr. 287
11.	zw. 193 & 235	Ignotus	AE 1946, 95 =1949, 184	Nr. 271
12.	3. Jh.	Ignotus	ILA 470	Nr. 226 ter

Pflaum bezeichnet Heliodorus und Celer als *ab epistulis Graecis*, obwohl Dio bzw. Philostratus lediglich τὰς ἐπιστολάς bzw. βασιλικῶν ἐπιστολῶν erwähnen. Heliodorus, der syrischer Herkunft war, scheint tatsächlich weniger geeignet gewesen zu sein, die lateinische Kanzlei geleitet zu haben. Die Herkunft des Celer ist unbekannt, aber, falls er tatsächlich dieselbe Person wie der „orator Graecus" Mark Aurels und Lucius Verus' war (HA M. Ant. 2,4; Verus 2,5, vgl. M. Aurel, Ad se ipsum 8,25), könnte sein *gentilicium Caninius* auf eine Herkunft aus Corinth hinweisen, vgl. Corinth VIII iii, S. 25f.: sowohl Caninii wie auch zwei Brüder namens Celer werden als Mitglieder der Oberschicht dieser römischen Kolonie belegt. Solche Leute hatten bestimmt die gleiche Kompetenz in beiden Sprachen.

Andererseits ist es nicht zu leugnen, daß mindestens einer der Sekretäre Hadrians, Valerius Eudaemo, nur für griechische Briefe zuständig war. G. B. Townend, The post ab epistulis in the second century, Historia 10, 1961, 375–381, glaubt, daß Eudaemo ein Sonderfall war und daß die Kanzlei erst unter Mark

Aurel endgültig geteilt wurde. Man sollte wohl daran erinnern, daß in der vorhadrianischen Zeit mindestens drei römische Ritter, wie auch (unter Nero) ein Freigelassener (Beryllus, Josephus, Ant. Jud. 20, 183), eine griechische Kanzlei leiteten. Ob Nr. 9 und 10 tatsächlich Inhaber eines noch ungeteilten Amtes *ab epistulis* waren, muß dahingestellt bleiben. Aber, falls Pflaums Datierung von Nr. 11 und 12 richtig ist, gab es gelegentlich den *ab epistulis „simplex"* noch in der Zeit nach Mark Aurel. Ohne Parallele ist L. Domitius Rogatus, *ab epistul(is) Lucii Aelii Caesaris*, also in den Jahren 136-7, D. 1450, Pflaum Nr. 140. Des weiteren sollte erwähnt werden, daß der Usurpator Avidius Cassius einen *ab epistulis Latinis* hatte, einen gewissen Manilius, Dio 72, 7, 4, vielleicht denselben Mann wie Pudens, bei Dio 71, 29, 2, der für die Briefe des Cassius zuständig war, so Pflaum S. 1021; Pudens könnte aber der *ab epistulis Graecis* gewesen sein, so Lewis, Studies ... Trell, 161 A. 23. Lewis 152 registriert im übrigen die Kaiserin Julia Domna als *ab epistulis* unter ihrem Sohn Caracalla, da sie nach Dio 77, 18, 2, vgl. 78, 4, 2-3 für die kaiserlichen Briefe zuständig war. Das scheint etwas zu weit zu gehen - genau so gut könnte man Titus Caesar als Kanzleichef Vespasians bezeichnen, nach Sueton, D. Tit. 6,1: *„receptaque ad se prope omnium officiorum cura, cum patris nomine et epistulas dictaret et edicta conscriberet"*.

B: Ab epistulis Latinis

	Daten	Namen	Belege	Pflaum
1.	Mark Aurel & Verus	C. Calvisius Statianus	D. 1453	Nr. 166
2.	um 171	P. Taruttienus Paternus	Dio 71,12,3	Nr. 172
3.	Mark Aurel	-ilius C.f.-	D. 1452	Nr. 178
4.	2. Jh.?	Ignotus	AE 1954, 141	Nr. 214 bis
5.	2./3. Jh.	-inianus	AE 1966, 431	Supp. S. 110
6.	Sev. Alex. (?)	L. Caecilius Athenaeus	CIL VIII 11340 + S. 2354	Nr. 319
7.	239	Numisius Quintianus	D. 499	Supp. S. 110

C: *Ab epistulis Graecis*

	Daten	Namen	Belege	Pflaum
1.	Claudius	Ti. Claudius Balbillus	AE 1924, 78	Nr. 15
2.	Claudius	C. Stertinius Xenophon	Ditt. Syll.[3] 804	Nr. 16
3.	Nero/Trajan	Dionysius v. Alexandria	Suidas s.v.	Nr. 46

Diese drei Männer waren wohl Inhaber eines Amtes, das etwas anderes als das spätere Amt *ab epistulis Graecis* war: Nr. 1. hieß *„ad legationes et res[ponsa Graeca* (?)"; Nr. 2 *„ἐπὶ τῶν Ἑλληνικῶν ἀποκριμάτων"*; Nr. 3 *„ἐπὶ τῶν ἐπιστολῶν καὶ ἀποκριμάτων"*.

Pflaum hat nur Nr. 3 in seiner Liste der *ab epistulis Graecis* angeführt, S. 1021. Allerdings scheint sein Posten eher mit denen des Balbillus und des Xenophon als mit dem der späteren *ab epistulis Graecis* vergleichbar zu sein.

	Daten	Namen	Belege	Pflaum
4.	Hadrian	Valerius Eudaemo	D. 1449	Nr. 110
5.	Mark Aurel & Verus	-ilius C.f. -	D. 1452	Nr. 178
6.	Mark Aurel & Verus (?)	P. Aelius Apollonides	Nollé, Inschr. v. Side 62	-
7.	um 170 (?)	Alexander v. Seleukia „Peloplaton“	Philostr., v. soph. 2,5	S. 1021
8.	um 171-2	T. Aius Sanctus	AE 1961, 280	Nr. 178 bis
9.	zw. 172 & 175	Ti. Cl. Vibianus Tertullus	D. 1344; Pergamon VIII 3,28	Nr. 252, Supp. S. 110
10.	Mark Aurel & Commodus	Sulpicius Cornelianus	Phrynichos, S. 225, 379, 428 L.	S. 1021; Supp. S. 110
11.	Commodus	Hadrianus v. Tyrus	Philostr., v. soph. 2,10	S. 684 A. 1
12.	187	[Aureliu]s Larichus	AE 1952, 6	S. 1021
13.	zw. 175 & 200	Maximus v. Aegae	Philostr., v. Apoll. 1,3,12	Supp. S. 110
14.	zw. 200 & 205	Aelius Antipater	Inschr. Eph. 2026	Nr. 230
15.	zw. 212 & 217	M. Valerius Titanianus	AE 1966, 474	Nr. 312 A (Supp.)
16.	zw. 209 & 229	Aspasius v. Ravenna	Philostr., v. soph. 2,33,3	S. 1021
17.	2./3. Jh.	Sempronius Aquila	IGR III 188	S. 1021
18.	3. Jh.	Ignotus	CIL VI 31747 = 3836	-

Die Laufbahn der *ab epistulis*

	frühere Laufbahn	spätere Laufbahn
A.1	*praef. coh.* *tr. mil.*	*praef. vigilum*

	frühere Laufbahn	spätere Laufbahn
A.2	*iudex selectus* (? unbekanntes Amt) *a studiis* *a bibliothecis*	-
A.3	(? Offiziersstellen, Prokuraturen) *archiereus Alex. et Aegypti* *proc. supra Museum* *a bibliothecis +* *a studiis*	-
A.4	unbekannt	*praef. Aegypti*
A.5	unbekannt	unbekannt
A.6	*advoc. fisci* *proc. ?XX hered.*	*praef. praetorio*
A.7	*praef. fabrum* *advoc. fisci* *proc. XX hered.*	unbekannt
A.8	*praef. coh.* *tr. mil.* *praef. alae* *praef. auxiliorum* *tempore exped.* *praef. alae. mill.* *proc. Ciliciae* *proc. Lusitaniae* *proc. Mauret. Caes.* *proc. Raetiae* *proc. Belgic. et Germ. II*	wurde Senator?
A.9	unbekannt	(hingerichtet)
A.10	als Sklave geboren *advoc. fisci* *a cognitionibus*	wurde Senator Befehlshaber der Flotte Statthalter Pann. inf. Statthalter Dakiens u. Moes. inf.
A.11	*tr. mil* *praef. classis Fl. Pann.* *proc. ab alimentis* *proc. ad census accip.* *proc. dioec. Alex.* *proc. patrimoni*	*a rationibus* *praef. (vigil.? annonae?)*
A.12	*advoc. fisci stat. hered.* (unbekannte Prokuraturen)	unbekannt

	frühere Laufbahn	spätere Laufbahn
B.1	unbekannt	*praef. Aegypti*
B.2	unbekannt	(unbekannte Ämter) *praef. praetorio*
B.3	*ab commentariis* *praef. praet.* *proc. Macedoniae* *ab epist. Graecis* *iuridic. Alex.* *proc. Asiae* *proc. summ. rat.*	wurde Senator
B.4	(unbekannt) *proc. Achaiae* *proc. Baeticae*	unbekannt
B.5	(unbekannt) *a cognitionibus*	unbekannt
B.6	*a militiis* (unbekannt) *a studiis*	unbekannt
B.7	unbekannt	unbekannt
C.1	*praef. fabrum* *divi Claudi* *tr. mil.*	*archiereus Alex. et Aegypti* *proc. supra Museum* *?proc. Asiae* *praef. Aegypti*
C.2	*tr. mil.* *praef. fabrum* *divi Claudi*	-
C.3	*a bibliothecis*	-
C.4	*proc. dioec. Alex.* *a bibliothecis*	*proc. Lyc.-Pamph.* usw. *proc. hered. et Asiae* *proc. Syriae* (unbekannte Ämter) *praef. Aegypti*
C.5 (= B.3)	*ab commentariis* *praef. praet.* *proc. Macedoniae*	*iuridic. Alex.* *proc. Asiae* *proc. summ. rat.* *ab epistulis Lat.* wurde Senator

	frühere Laufbahn	spätere Laufbahn
C.6–7	unbekannt	unbekannt
C.8	(unbekannte Offiziersstellen bzw. Prokuraturen? *proc. aliment.?* oder eher: nach dem Konsulat *praef. aliment.)*	*proc. ration. priv.* *a rationibus* *praef. Aegypti* wurde Senator *praef. aer. Sat.* *consul*
C.9	(unbekannte Offiziersstellen bzw. Prokuraturen?)	*a rationibus* *praef. vigilum*
C.10–13	unbekannt	unbekannt
C.14	(unbekannte Offiziersstellen bzw. Prokuraturen?)	wurde Senator Statthalter Bithyniens
C.15	(unbekannte Offiziersstellen bzw. Prokuraturen?)	*praef. vigilum*
C. 16–17	unbekannt	unbekannt
C.18	*quaestor* *praetor* *cur. civ.*	*missus. ad dilect.* *cur. civ.* (2) *consul* *praeses Syriae Coel.* *iudex vice sacra* *cur. viae Flaminiae* *procos. (prov. inc.)* *praef. urbi*

Kommentar:

A.3 E. L. Bowie, Yale Class. Stud. 27, 1982, 57 registriert L. Julius Vestinus (als Nr. ii) in seiner Liste „Greeks with the title ab epistulis or ab epistulis Graecis". Er war tatsächlich Gallier, Mitglied einer berühmten Familie aus Vienna, PIR² J 623, vgl. 622, 624.

A.6 Seine Laufbahn vor der Prätorianerpräfektur wurde erst durch G. Camodeca, Puteoli 3, 1979, 41ff. = AE 1980, 235 bekannt. Camodeca, 49ff., konnte außerdem zeigen, daß er wohl aus Simitthu in der Provinz Africa stammte. Vgl. auch ders., ZPE 43, 1981, 43ff.; E. Birley, Roman Army Papers, 173ff. Die Prokuratur (XX hered.?) bleibt unsicher.

A.8 Da Varius Clemens Mitglied des kaiserlichen Consiliums im Jahr 177 war, an 6. Stelle unter den 12 Namen, vor den Prätorianerpräfekten M. Bassaeus Rufus und P. Taruttienus Paternus, ist es möglich, daß er selbst Prätorianerpräfekt geworden war; sonst war er wohl Senator konsularischen Ranges, AE 1971, 534 = IAM II 94, s. G. Alföldy, Noricum, London 1974, 274, ders., Konsulat u. Senatorenstand, 1977, 197f.

A.12 Es ist durchaus möglich, daß er *[a]b epistul(is) [Latinis]* bzw. *[Graecis]* war.

B.2 Die richtige Schreibweise seines Gentiliciums, „Taruttienus", statt „Tarruntenus" (in den Digesten) bzw. „Tarrutenius" (bei Dio), wurde erst durch die Tabula Banasitana bekannt: AE 1971, 534 = IAM II 94.

B.3 Pflaum, Nr. 178, zeigt, daß seine zwei Posten als *ab epistulis* am besten auf diese Weise erklärt werden können. Möglicherweise ist dieses -ilius mit P. Atilius Clarus, der *procurator Asiae* unter Mark Aurel und Verus war, Inschr. Eph. 621A, zu identifizieren.

B.6 Pflaum, Nr. 319, glaubt, daß Athenaeus lediglich ein *adiutor* des Kanzleichefs war. Aber da seine Inschrift, die *„ab studiis Lat."* lautet, offensichtlich verschrieben wurde - deswegen wurden die zwei relevanten Zeilen getilgt - ist es durchaus möglich, daß andere Teile der Laufbahn versehentlich weggelassen wurden.

C.6 Den Hinweis auf diese neue Inschrift verdanke ich meinem Freund Werner Eck, Köln; er hat auch zeigen können, daß derselbe Mann „Ap.". Apollonides ist, der einen Brief von Fronto bekam, Ad amicos 1,2, W. Eck, P. Aelius Apollonides, ab epistulis Graecis, und ein Brief des Cornelius Fronto, ZPE 91, 1992, 236ff. Der Mann, den Fronto an Apollonides empfiehlt, Sulpicius Cornelianus, war wohl selbst später *ab epistulis Graecis* (Nr. C. 10).

C.11 Hadrianus war fast 80 Jahre alt, als er von Commodus zum Chef der griechischen Kanzlei ernannt wurde, und ist bald danach verstorben: ‚das kaiserliche Patent ist sein Leichentuch geworden', Philostr., v. soph. 2, 10.

C.17 Falls die Hypothese zutrifft, daß die Tochter des Sempronius Aquila, Sempronia Romana, Mutter des künftigen Kaisers Gordian I (mit vollem Namen M. Antonius Gordianus Sempronianus Romanus) war, müßte seine Amtszeit in das 2. Jh. datiert werden, A. R. Birley, in: Britain and Rome. Essays ... E. Birley, Hgg. M. G. Jarrett and B. Dobson, Kendal 1966, 58ff.

C.18 Die Laufbahn von C. 18 ist sehr befremdlich: alle seine Ämter waren mit Ausnahme des Sekretariats senatorisch. Die Laufbahn ist nie eingehend diskutiert worden. G. Barbieri, L'albo senatorio da Settimio Severo a Carino, Rom 1952, Nr. 1385 + Agg. (S. 622) folgt dem Vorschlag Arthur Steins, Der römische Ritterstand, München 1927, 263, daß der patrizische Senator dieses sonst ritterliche Amt unter Elagabal bekleidete. Diese Datierung wird von W. Eck, Organisation Italiens, 1979, 49 A. 135, 83, 232. 238 ohne Diskussion akzeptiert. J. F. Gilliam, Amer. Journ. Philol. 79, 1958, 238f. = ders. Roman Army Papers, Amsterdam 1986, 186f., schlägt vor, daß der Senator dieselbe Person wie Pomponius Bassus sein könnte, der auf der Rückseite derselben Inschrift geehrt wurde. Man könnte auch vermuten, daß der Ignotus kurzfristig das Amt *ab epistulis Graecis* im Jahr 238 innehatte, etwa unter Gordian I. und II. bzw. Pupienus und Balbinus, zumal sein nächster Posten *„ad iuniores legendos per Aemi[liam]"* war, was der Lage in diesem Jahr entspricht, vgl. Herodian 7, 12, 1 und D. 1188 + Add.

Was die frühere Laufbahn dieser Männer betrifft, so waren nur A. 1, A.8, A.11 und B.6 nachweislich ritterliche Offiziere (abgesehen von C.1 und C.2, deren Tribunate wohl ehrenamtlich waren). (A.2 hätte Tribun werden können, hat dies aber abgelehnt, Plinius Ep. 3,8.) Sehr wahrscheinlich ist aber, daß mehrere von den anderen, deren Laufbahnen nicht vollständig bekannt sind, ebenfalls ritterliche Offiziere waren, etwa B.1, B.2; für A.4, A.9, B.4, B.7, C.6, C.9, C.13, C.14, C.16 ist eine solche Tätigkeit keinesfalls ausgeschlossen. Hingegen waren Folgende mit Sicherheit nicht ritterliche Offiziere: A.2, A.6, A.7, A.10, A.12, B.3, C.5, C.7, C.8, C.11, C.13, C.16, C. 18. Etwas unsicher bleiben A.3 und A.5. Auffallend ist besonders A.8, der nicht nur die *tres militae* vollendete, sondern sogar zur Elitegruppe der *quarta militia* gehörte (darüber E. Birley, Roman Army Papers, 1988, 158f., 350ff.). und anschließend nicht weniger als fünf Prokuraturen bekleidete, zwei davon als Statthalter (Mauretania Caes. und Rätien, beides Provinzen mit beträchtlichen Armeen).

Die spätere Laufbahn zeigt, daß mehrere ehemalige *ab epistulis* bis zu den Spitzenpositionen gestiegen sind: A.6 und B.2 wurden *praefectus praetorio,* A.4, B.1, C.1, C.4, C.8 wurden *praefectus Aegypti,* A.1 und C.9 wurden *praefectus vigilum,* vielleicht A. 11 auch (sonst war er *praefectus annonae*), C.8 und C.9 wurden *a rationibus.*

Nach H.-G. Pflaum, Les procurateurs équestres, 1950, 74, war der *a rationibus* der erste Prokurator, der ein Gehalt von 300 000 Sesterzen bekam, und zwar in der Regierungszeit Mark Aurels - früher waren 200 000 das höchste Gehalt. Er behauptet ferner, S. 94f., daß es seit Septimius Severus nunmehr insgesamt zehn Prokuratoren gab, die in der Rangstufe der Trecenarier waren, unter diesen beide Kanzleichefs. Leider hat er keine Begründung dafür gegeben, und in der Tat scheint es immer noch etwas unsicher zu sein. Die Bezeichnung *„trecenarius"* ist offenbar erst im frühen 3. Jahrhundert belegt. Vgl. auch G. Alföldy, Chiron 11, 1981, 183ff. - ders., Die römische Gesellschaft, Stuttgart 1986, 176ff.

Veröffentlichungen
der Rheinisch-Westfälischen Akademie der Wissenschaften

Neuerscheinungen 1980 bis 1992

Vorträge G *Heft Nr.*		GEISTESWISSENSCHAFTEN
241	*Arno Esch, Bonn*	Zur Situation der zeitgenössischen englischen Lyrik
242	*Otto Pöggeler, Bochum* *Heinz Breuer, Bonn*	Fragen der Forschungspolitik
243	*Klaus Stern, Köln*	Verfassungsgerichtsbarkeit zwischen Recht und Politik
244	*Klaus W. Niemöller, Münster*	Der sprachhafte Charakter der Musik
245	*Jürgen Untermann, Köln*	Trümmersprachen zwischen Grammatik und Geschichte
246	*Clemens Menze, Köln*	Leibniz und die neuhumanistische Theorie der Bildung des Menschen
247	*Helmut Schelsky, Münster*	Die juridische Rationalität
248	*Ulrich Scheuner, Bonn*	Der Beitrag der deutschen Romantik zur politischen Theorie
249	*Georg Kauffmann, Münster*	Zum Verhältnis von Bild und Text in der Renaissance
250	*Rudolf Kassel, Köln*	Dichtkunst und Versifikation bei den Griechen
251	*Hans Schadewaldt, Düsseldorf*	Idiosynkrasie, Anaphylaxie, Allergie, Atopie – Ein Beitrag zur Geschichte der Überempfindlichkeitskrankheiten
252	*Walter Hinck, Köln*	Haben wir heute vier deutsche Literaturen oder *eine?* Plädoyer in einer Streitfrage
		Jahresfeier am 13. Mai 1981
253	*Heinz Gollwitzer, Münster*	Vorüberlegungen zu einer Geschichte des politischen Protestantismus nach dem konfessionellen Zeitalter
254	*Martin Honecker, Bonn*	Evangelische Theologie vor dem Staatsproblem
255	*Paul Mikat, Düsseldorf*	Rechtsprobleme der Schlüsselgewalt
256	*Ernst Dassmann, Bonn*	Paulus in frühchristlicher Frömmigkeit und Kunst
257	*Reinhold Merkelbach, Köln*	Weihegrade und Seelenlehre der Mithrasmysterien
258	*Bruno Lewin, Bochum*	Sprachbetrachtung und Sprachwissenschaft im vormodernen Japan
259	*Boris Meissner, Köln*	Das Verhältnis von Partei und Staat im Sowjetsystem
260	*Hans-Rudolf Schwyzer, Zürich*	Ammonios Sakkas, der Lehrer Plotins
261	*Eugen Ewig, Bonn*	Die Merowinger und das Imperium
262	*Armin Kaufmann, Bonn*	Die Aufgabe des Strafrechts
263	*Gerard Verbeke, Leuven*	Avicenna, Grundleger einer neuen Metaphysik
264	*Roger Goepper, Köln*	Das Kultbild im Ritus des esoterischen Buddhismus Japans
265	*Paul Mikat, Düsseldorf*	Zur Diskussion um die Lehre vom Vorrang der effektiven Staatsangehörigkeit
266	*Gerhard Kegel, Köln*	Haftung für Zufügung seelischer Schmerzen
		Jahresfeier am 11. Mai 1983
267	*Hans Rothe, Bonn*	Religion und Kultur in den Regionen des russischen Reiches im 18. Jahrhundert
268	*Paul Mikat, Düsseldorf*	Doppelbesetzung oder Ehrentitulatur – Zur Stellung des westgotisch-arianischen Episkopates nach der Konversion von 587/89
269	*Andreas Kraus, München*	Die *Acta Pacis Westphalicae*
270	*Gerhard Ebeling, Zürich*	Lehre und Leben in Luthers Theologie
271	*Theodor Schieder, Köln*	Über den Beinamen „der Große" – Reflexionen über historische Größe
272	*J. Nicolas Coldstream, London*	The Formation of the Greek Polis: Aristotle and Archaeology
273	*Walter Hinck, Köln*	Das Gedicht als Spiegel der Dichter. Zur Geschichte des deutschen poetologischen Gedichts
274	*Erich Meuthen, Köln*	Das Basler Konzil als Forschungsproblem der europäischen Geschichte
275	*Hansjakob Seiler, Köln*	Sprache und Gegenstand
276	*Gustav Adolf Lehmann, Köln*	Die mykenisch-frühgriechische Welt und der östliche Mittelmeerraum in der Zeit der „Seevölker"-Invasionen um 1200 v. Chr.
277	*Andreas Hillgruber, Köln*	Der Zusammenbruch im Osten 1944/45 als Problem der deutschen Nationalgeschichte und der europäischen Geschichte
278	*Niklas Luhmann, Bielefeld*	Kann die moderne Gesellschaft sich auf ökologische Gefährdungen einstellen?
		Jahresfeier am 15. Mai 1985

279	*Joseph Ratzinger, Rom*	Politik und Erlösung. Zum Verhältnis von Glaube, Rationalität und Irrationalem in der sogenannten Theologie der Befreiung
280	*Hermann Hambloch, Münster*	Der Mensch als Störfaktor im Geosystem
281	*Reinhold Merkelbach, Köln*	Mani und sein Religionssystem
282	*Walter Mettmann, Münster*	Die volkssprachliche apologetische Literatur auf der Iberischen Halbinsel im Mittelalter
283	*Hans-Joachim Klimkeit, Bonn*	Die Begegnung von Christentum, Gnosis und Buddhismus an der Seidenstraße
284	*2. Akademie-Forum*	Technik und Ethik
	Wolfgang Kluxen, Bonn	Ethik für die technische Welt: Probleme und Perspektiven
	Rudolf Schulten, Aachen/Jülich	Maßstäbe aus der Natur für technisches Handeln
285	*Hermann Lübbe, Zürich*	Die Wissenschaften und ihre kulturellen Folgen. Über die Zukunft des *common sense*
286	*Andreas Hillgruber, Köln*	Alliierte Pläne für eine „Neutralisierung" Deutschlands 1945–1955
287	*Otto Pöggeler, Bochum*	Preußische Kulturpolitik im Spiegel von Hegels Ästhetik
288	*Bernhard Großfeld, Münster*	Einige Grundfragen des Internationalen Unternehmensrechts
289	*Reinhold Merkelbach, Köln*	Nikaia in der römischen Kaiserzeit
290	*Werner Besch, Bonn*	Die Entstehung der deutschen Schriftsprache
291	*Heinz Gollwitzer, Münster*	Internationale des Schwertes. Transnationale Beziehungen im Zeitalter der „vaterländischen" Streitkräfte
292	*Bernhard Kötting, Münster*	Die Bewertung der Wiederverheiratung (der zweiten Ehe) in der Antike und in der Frühen Kirche
293	*5. Akademie-Forum*	Technik und Industrie in Kunst und Literatur
	Volker Neuhaus, Köln	Vorwurf Industrie
	Klaus Wolfgang Niemöller, Köln	Industrie, Technik und Elektronik in ihrer Bedeutung für die Musik des 20. Jahrhunderts
	Hans Schadewaldt, Düsseldorf	Technik und Heilkunst
294	*Paul Mikat, Düsseldorf*	Die Polygamiefrage in der frühen Neuzeit
295	*Georg Kauffmann, Münster*	Die Macht des Bildes – Über die Ursachen der Bilderflut in der modernen Welt
		Jahresfeier am 27. Mai 1987
296	*Herbert Wiedemann, Köln*	Organverantwortung und Gesellschafterklagen in der Aktiengesellschaft
297	*Rainer Lengeler, Bonn*	Shakespeares Sonette in deutscher Übersetzung: Stefan George und Paul Celan
298	*Heinz Hürten, Eichstätt*	Der Kapp-Putsch als Wende. Über Rahmenbedingungen der Weimarer Republik seit dem Frühjahr 1920
299	*Dietrich Gerhardt, Hamburg*	Die Zeit und das Wertproblem, dargestellt an den Übertragungen V. A. Žukovskijs
300	*Bernhard Großfeld, Münster*	Unsere Sprache: Die Sicht des Juristen
301	*Otto Pöggeler, Bochum*	Philosophie und Nationalsozialismus – am Beispiel Heideggers
		Jahresfeier am 31. Mai 1989
302	*Friedrich Ohly, Münster*	Metaphern für die Sündenstufen und die Gegenwirkungen der Gnade
303	*Harald Weinrich, München*	Kleine Literaturgeschichte der Heiterkeit
304	*Albrecht Dihle, Heidelberg*	Philosophie als Lebenskunst
305	*Rüdiger Schott, Münster*	Afrikanische Erzählungen als religionsethnologische Quellen, dargestellt am Beispiel von Erzählungen der Bulsa in Nordghana
306	*Hans Rothe, Bonn*	Anton Tschechov oder Die Entartung der Kunst
307	*Arthur Th. Hatto, London*	Eine allgemeine Theorie der Heldenepik
308	*Rudolf Morsey, Speyer*	Die Deutschlandpolitik Adenauers. Alte Thesen und neue Fakten
309	*Joachim Bumke, Köln*	Geschichte der mittelalterlichen Literatur als Aufgabe
310	*Werner Sundermann, Berlin*	Der Sermon von der der Seele. Ein Literaturwerk des östlichen Manichäismus
311	*Bruno Schüller, Münster*	Überlegungen zum ‚Gewissen'
312	*Karl Dietrich Bracher, Bonn*	Betrachtungen zum Problem der Macht
313	*Klaus Stern, Köln*	Die Wiederherstellung der deutschen Einheit – Retrospektive und Perspektive
		Jahresfeier am 28. Mai 1991
314	*Rainer Lengeler, Bonn*	Shakespeare *Much Ado About Nothing* als Komödie
315	*Jean-Marie Valentin, Paris*	Französischer „Roman comique" und deutscher Schelmenroman
316	*Nikolaus Himmelmann, Bonn*	Archäologische Forschungen im Akademischen Kunstmuseum der Universität Bonn: Die griechisch-ägyptischen Beziehungen
317	*Anthony R. Birley, Düsseldorf*	Locus virtutibus patefactus? Zum Beförderungssystem in der Hohen Kaiserzeit

ABHANDLUNGEN

Band Nr.		
67	*Elmar Edel, Bonn*	Hieroglyphische Inschriften des Alten Reiches
68	*Wolfgang Ehrhardt, Athen*	Das Akademische Kunstmuseum der Universität Bonn unter der Direktion von Friedrich Gottlieb Welcker und Otto Jahn
69	*Walther Heissig, Bonn*	Geser-Studien. Untersuchungen zu den Erzählstoffen in den „neuen" Kapiteln des mongolischen Geser-Zyklus
70	*Werner H. Hauss, Münster* *Robert W. Wissler, Chicago*	Second Münster International Arteriosclerosis Symposium: Clinical Implications of Recent Research Results in Arteriosclerosis
71	*Elmar Edel, Bonn*	Die Inschriften der Grabfronten der Siut-Gräber in Mittelägypten aus der Herakleopolitenzeit
72	*(Sammelband)*	Studien zur Ethnogenese
	Wilhelm E. Mühlmann	Ethnogonie und Ethnogenese
	Walter Heissig	Ethnische Gruppenbildung in Zentralasien im Licht mündlicher und schriftlicher Überlieferung
	Karl J. Narr	Kulturelle Vereinheitlichung und sprachliche Zersplitterung: Ein Beispiel aus dem Südwesten der Vereinigten Staaten
	Harald von Petrikovits	Fragen der Ethnogenese aus der Sicht der römischen Archäologie
	Jürgen Untermann	Ursprache und historische Realität. Der Beitrag der Indogermanistik zu Fragen der Ethnogenese
	Ernst Risch	Die Ausbildung des Griechischen im 2. Jahrtausend v. Chr.
	Werner Conze	Ethnogenese und Nationsbildung – Ostmitteleuropa als Beispiel
73	*Nikolaus Himmelmann, Bonn*	Ideale Nacktheit
74	*Alf Önnerfors, Köln*	Willem Jordaens, Conflictus virtutum et viciorum. Mit Einleitung und Kommentar
75	*Herbert Lepper, Aachen*	Die Einheit der Wissenschaften: Der gescheiterte Versuch der Gründung einer „Rheinisch-Westfälischen Akademie der Wissenschaften" in den Jahren 1907 bis 1910
76	*Werner H. Hauss, Münster* *Robert W. Wissler, Chicago* *Jörg Grünwald, Münster*	Fourth Münster International Arteriosclerosis Symposium: Recent Advances in Arteriosclerosis Research
78	*(Sammelband)*	Studien zur Ethnogenese, Band 2
	Rüdiger Schott	Die Ethnogenese von Völkern in Afrika
	Siegfried Herrmann	Israels Frühgeschichte im Spannungsfeld neuer Hypothesen
	Jaroslav Šašel	Der Ostalpenbereich zwischen 550 und 650 n. Chr.
	András Róna-Tas	Ethnogenese und Staatsgründung. Die türkische Komponente in der Ethnogenese des Ungartums
	Register zu den Bänden 1 (Abh 72) und 2 (Abh 78)	
79	*Hans-Joachim Klimkeit, Bonn*	Hymnen und Gebete der Religion des Lichts. Iranische und türkische Texte der Manichäes Zentralasiens
80	*Friedrich Scholz, Münster*	Die Literaturen des Baltikums Ihre Entstehung und Entwicklung
82	*Werner H. Hauss, Münster* *Robert W. Wissler, Chicago* *H.-J. Bauch, Münster*	Fifth Münster International Arteriosclerosis Symposium: Modern Aspects of the Pathogenesis of Arteriosclerosis
83	*Karin Metzler, Frank Simon, Bochum*	Ariana et Athanasiana. Studien zur Überlieferung und zu philologischen Problemen der Werke des Athanasius von Alexandrien
84	*Siegfried Reiter, Rudolf Kassel, Köln*	Friedrich August Wolf. Ein Leben in Briefen. Ergänzungsband, I: Die Texte; II: Die Erläuterungen
85	*Walther Heissig, Bonn*	Heldenmärchen versus Heldenepos? Strukturelle Fragen zur Entwicklung altaischer Heldenmärchen
86	*Hans Rothe, Bonn*	*Die Schlucht.* Ivan Gontscharov und der „Realismus" nach Turgenev und vor Dostojewski (1849–1869)
87	*Werner H. Hauss, Münster* *Robert W. Wissler, Chicago* *H.-J. Bauch, Münster*	Sixth Münster International Arteriosclerosis Symposium: New Aspects of Metabolism and Behaviour of Mesenchymal Cells during the Pathogenesis of Arteriosclerosis
88	*Peter Zieme, Berlin*	Religion und Gesellschaft im Uigurischen Königreich von Qočo

Sonderreihe PAPYROLOGICA COLONIENSIA

Vol. IV: *Ursula Hagedorn und Dieter Hagedorn, Köln, Louise C. Youtie und Herbert C. Youtie, Ann Arbor*	Das Archiv des Petaus (P. Petaus)
Vol. V: *Angelo Geißen, Köln* *Wolfram Weiser, Köln*	Katalog Alexandrinischer Kaisermünzen der Sammlung des Instituts für Altertumskunde der Universität zu Köln Band 1: Augustus-Trajan (Nr. 1–740) Band 2: Hadrian-Antoninus Pius (Nr. 741–1994) Band 3: Marc Aurel-Gallienus (Nr. 1995–3014) Band 4: Claudius Gothicus–Domitius Domitianus, Gau-Prägungen, Anonyme Prägungen, Nachträge, Imitationen, Bleimünzen (Nr. 3015–3627) Band 5: Indices zu den Bänden 1 bis 4
Vol. VI: *J. David Thomas, Durham*	The epistrategos in Ptolemaic and Roman Egypt Part 1: The Ptolemaic epistrategos Part 2: The Roman epistrategos
Vol. VII	Kölner Papyri (P. Köln)
Bärbel Kramer und Robert Hübner (Bearb.), Köln	Band 1
Bärbel Kramer und Dieter Hagedorn (Bearb.), Köln	Band 2
Bärbel Kramer, Michael Erler, Dieter Hagedorn und Robert Hübner (Bearb.), Köln	Band 3
Bärbel Kramer, Cornelia Römer und Dieter Hagedorn (Bearb.), Köln	Band 4
Michael Gronewald, Klaus Maresch und Wolfgang Schäfer (Bearb.), Köln	Band 5
Michael Gronewald, Bärbel Kramer, Klaus Maresch, Maryline Parca und Cornelia Römer (Bearb.)	Band 6
Michael Gronewald, Klaus Maresch (Bearb.), Köln	Band 7
Vol. VIII: *Sayed Omar (Bearb.), Kairo*	Das Archiv des Soterichos (P. Soterichos)
Vol. IX *Dieter Kurth, Heinz-Josef Thissen und Manfred Weber (Bearb.), Köln*	Kölner ägyptische Papyri (P. Köln ägypt.) Band 1
Vol. X: *Jeffrey S. Rusten, Cambridge, Mass.*	Dionysius Scytobrachion
Vol. XI: *Wolfram Weiser, Köln*	Katalog der Bithynischen Münzen der Sammlung des Instituts für Altertumskunde der Universität zu Köln Band 1: Nikaia. Mit einer Untersuchung der Prägesysteme und Gegenstempel
Vol. XII: *Colette Sirat, Paris u. a.*	La *Ketouba* de Cologne. Un contrat de mariage juif à Antinoopolis
Vol. XIII: *Peter Frisch, Köln*	Zehn agonistische Papyri
Vol. XIV: *Ludwig Koenen, Ann Arbor* *Cornelia Römer (Bearb.), Köln*	Der Kölner Mani-Kodex. Über das Werden seines Leibes. Kritische Edition mit Übersetzung.
Vol. XV: *Jaakko Frösen, Helsinki/Athen* *Dieter Hagedorn, Heidelberg (Bearb.))*	Die verkohlten Papyri aus Bubastos (P. Bub.) Band 1
Vol. XVI: *Robert W. Daniel, Köln* *Franco Maltomini, Pisa (Bearb.)*	Supplementum Magicum Band 1 Band 2
Vol. XVII: *Reinhold Merkelbach, Maria Totti (Bearb.), Köln*	Abrasax. Ausgewählte Papyri religiösen und magischen Inhalts Band 1 und Band 2: Gebete Band 3: Zwei griechisch-ägyptische Weihezeremonien
Vol. XVIII: *Klaus Maresch, Köln* *Zola M. Packmann, Pietermaritzburg, Natal (eds.)*	Papyri from the Washington University Collection, St. Louis, Missouri
Vol. XIX: Robert W. Daniel, Köln (ed.)	Two Greek Papyri in the National Museum of Antiquities in Leiden

GPSR Compliance

The European Union's (EU) General Product Safety Regulation (GPSR) is a set of rules that requires consumer products to be safe and our obligations to ensure this.

If you have any concerns about our products, you can contact us on ProductSafety@springernature.com

In case Publisher is established outside the EU, the EU authorized representative is:

Springer Nature Customer Service Center GmbH
Europaplatz 3
69115 Heidelberg, Germany

Batch number: 10584556

Printed by Printforce, the Netherlands